How many carrots?

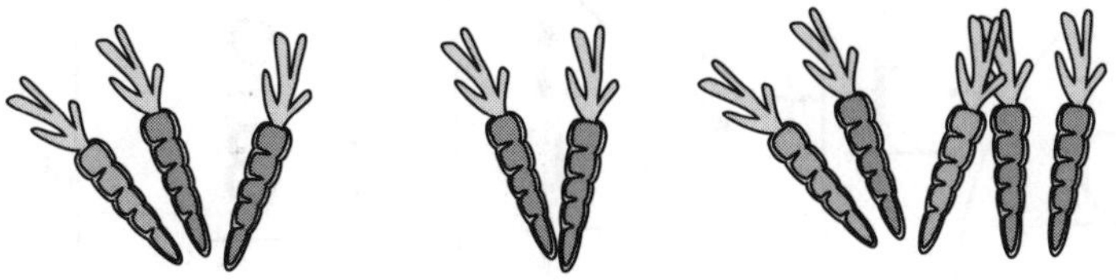

3 + 2 = 5

____ + ____ = ____

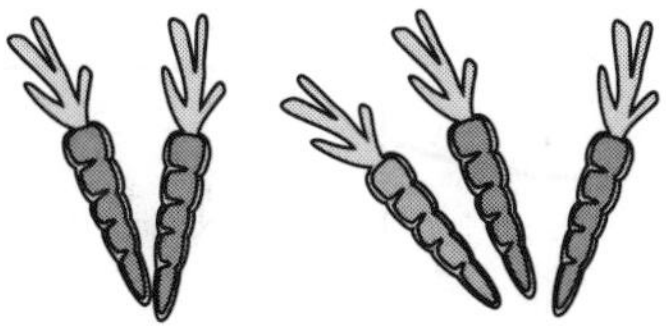

____ + ____ = ____

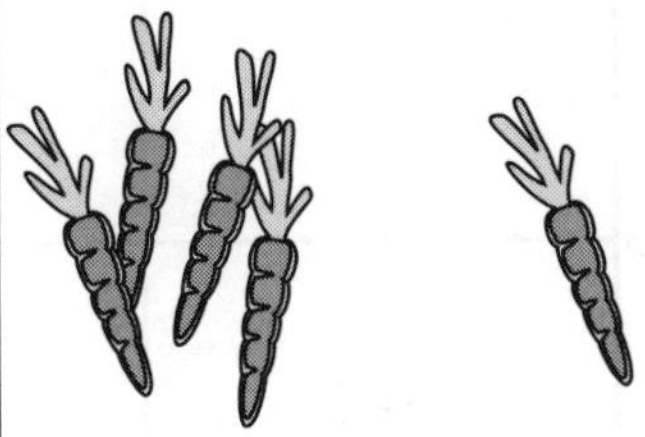

____ + ____ = ____

____ + ____ = ____

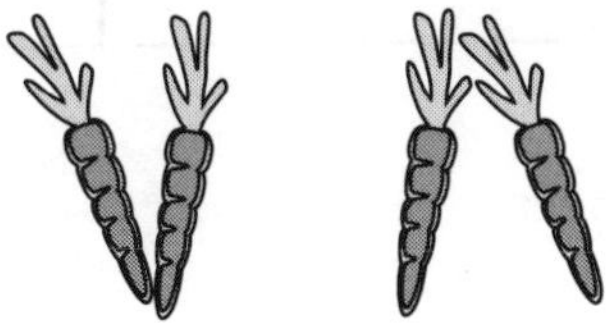

____ + ____ = ____

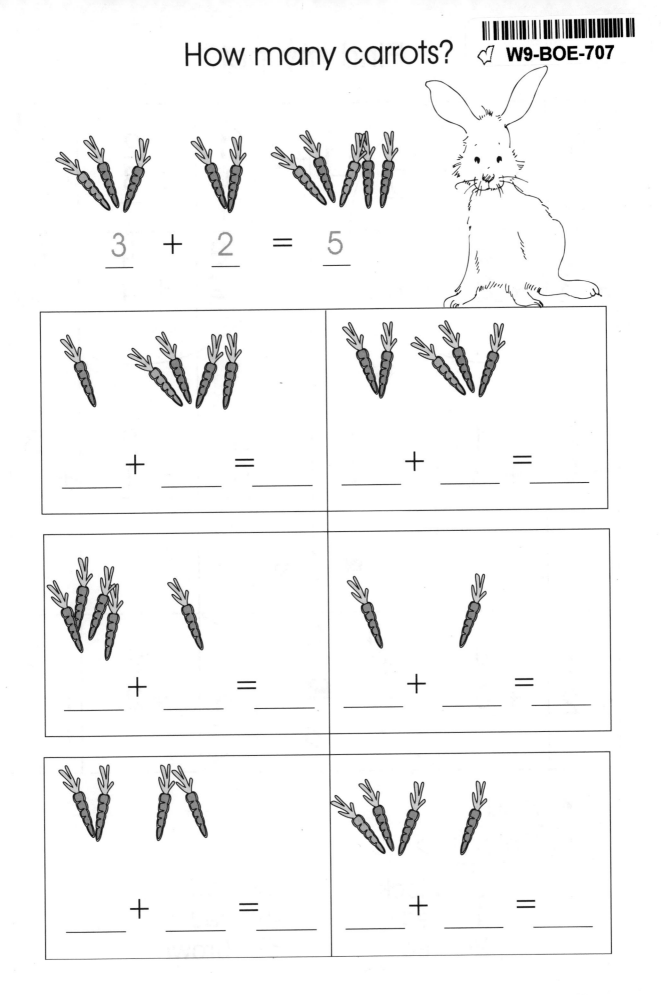

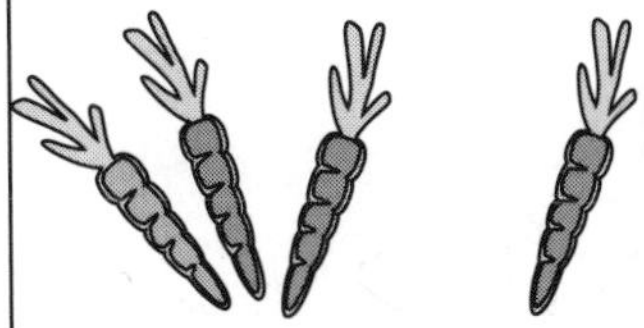

____ + ____ = ____

Find my pet.

$\begin{array}{r}1\\0\\+5\end{array}$	$\begin{array}{r}4\\+1\end{array}$	$\begin{array}{r}5\\+0\end{array}$ $\begin{array}{r}1\\+1\end{array}$	$\begin{array}{r}2\\2\\1\\+4\end{array}$	$\begin{array}{r}2\\+3\end{array}$	$\begin{array}{r}1\\3\\+2\end{array}$
$\begin{array}{r}2\\+3\end{array}$	$\begin{array}{r}3\\+2\end{array}$	$\begin{array}{r}5\\+0\end{array}$	$\begin{array}{r}3\\+2\end{array}$	$\begin{array}{r}4\\+1\end{array}$	$\begin{array}{r}0\\+5\end{array}$
$\begin{array}{r}2\\+0\end{array}$	$\begin{array}{r}1\\+3\end{array}$	$\begin{array}{r}3\\+2\end{array}$	$\begin{array}{r}5\\+0\end{array}$	$\begin{array}{r}2\\+1\end{array}$	$\begin{array}{r}3\\+1\end{array}$
$\begin{array}{r}1\\+2\end{array}$	$\begin{array}{r}4\\+0\end{array}$	$\begin{array}{r}3\\+1\end{array}$ $4+1=$	2 $\begin{array}{r}1\\+0\end{array}$	$\begin{array}{r}2\\+2\end{array}$	$\begin{array}{r}3\\+0\end{array}$

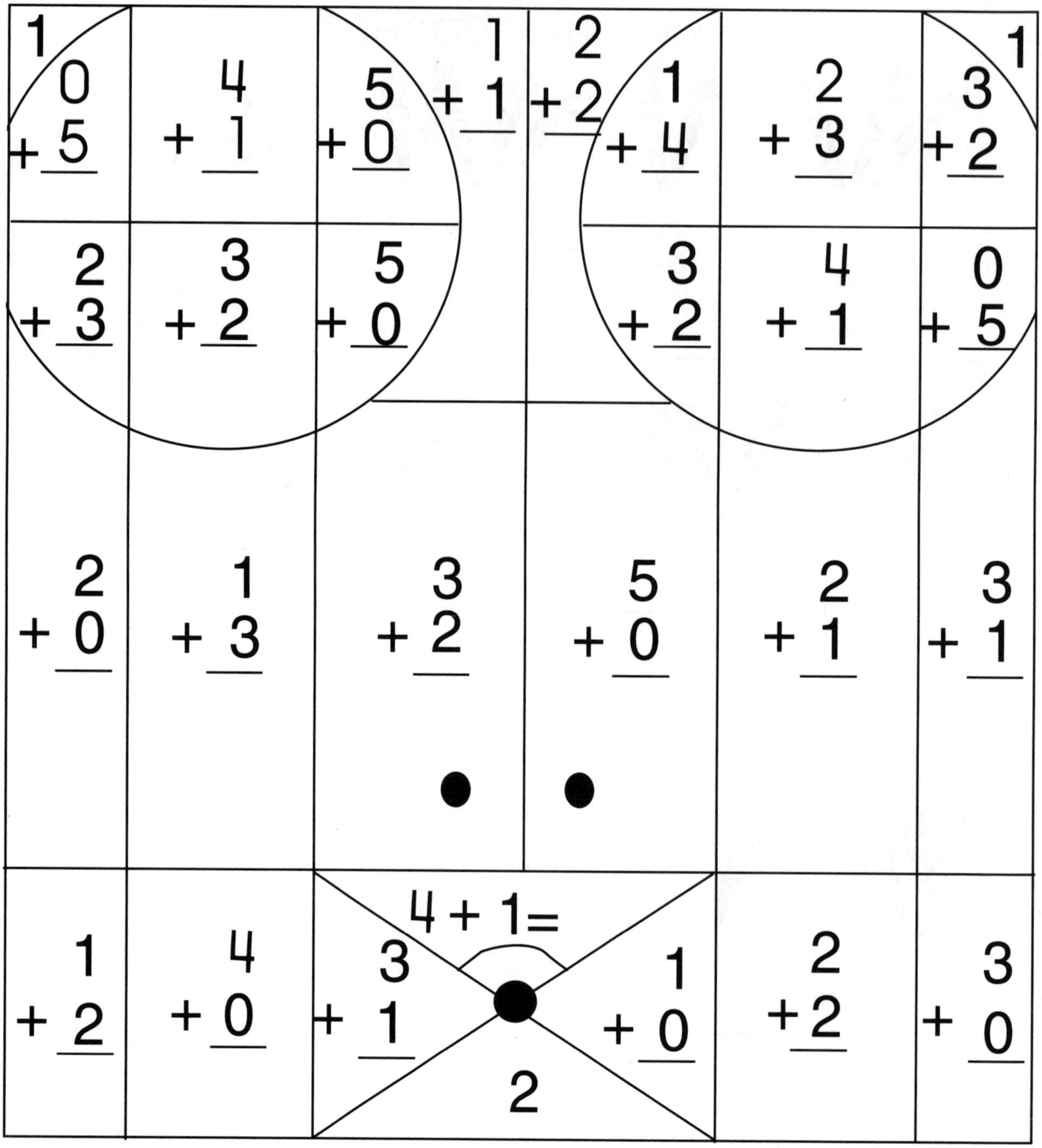

- Add
- (Color)

0- black   3- red
1- red   4- red
2- red   5- brown

Note: Give your child small objects to use as counters if he/she needs help on these pages.

How many bones?

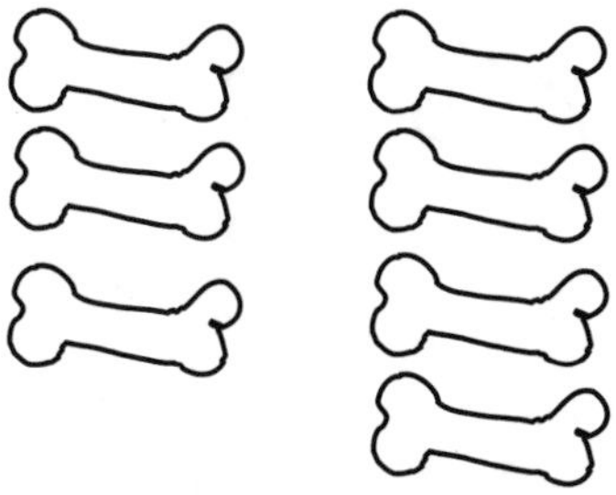

$3 + 4 = 7$

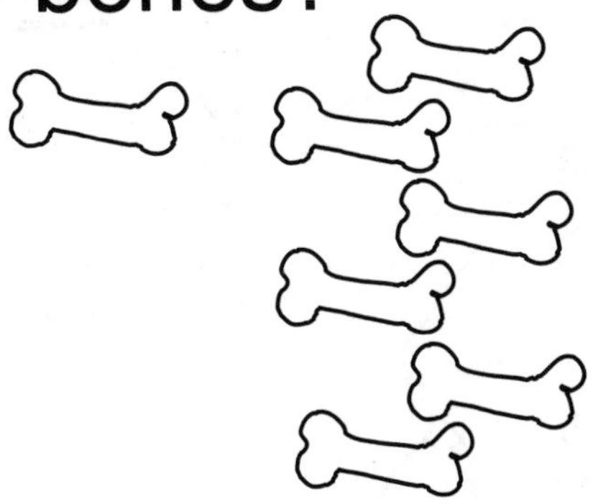

__ + __ = __

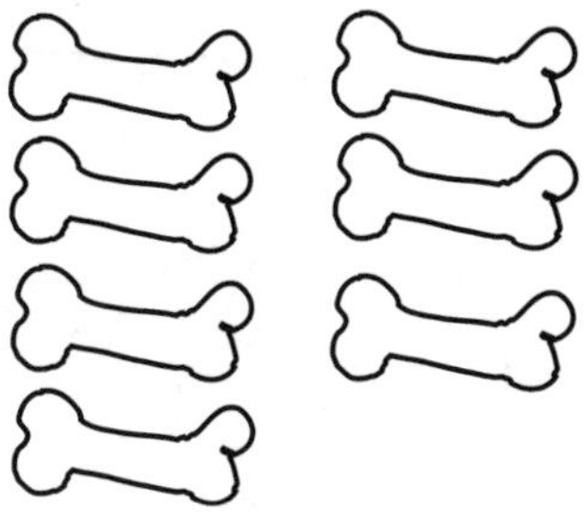

__ + __ = __

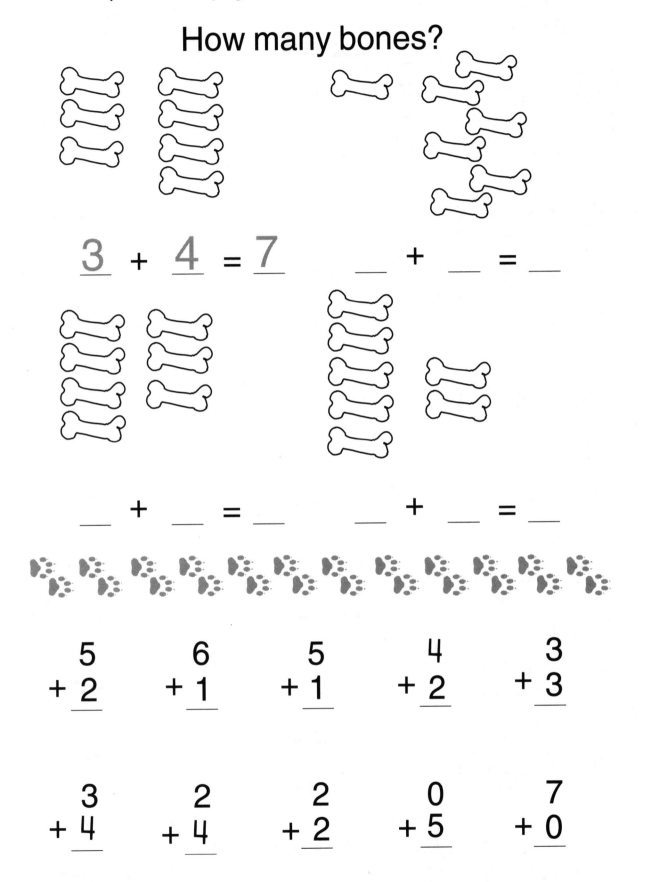

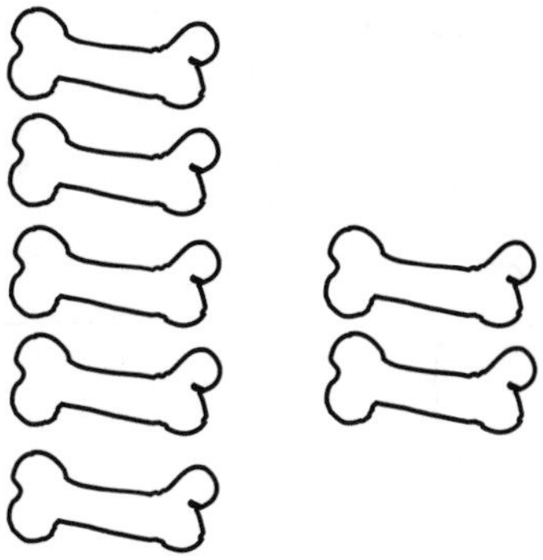

__ + __ = __

5	6	5	4	3
+ 2	+ 1	+ 1	+ 2	+ 3
__	__	__	__	__

3	2	2	0	7
+ 4	+ 4	+ 2	+ 5	+ 0
__	__	__	__	__

Put the fish in their bowls.

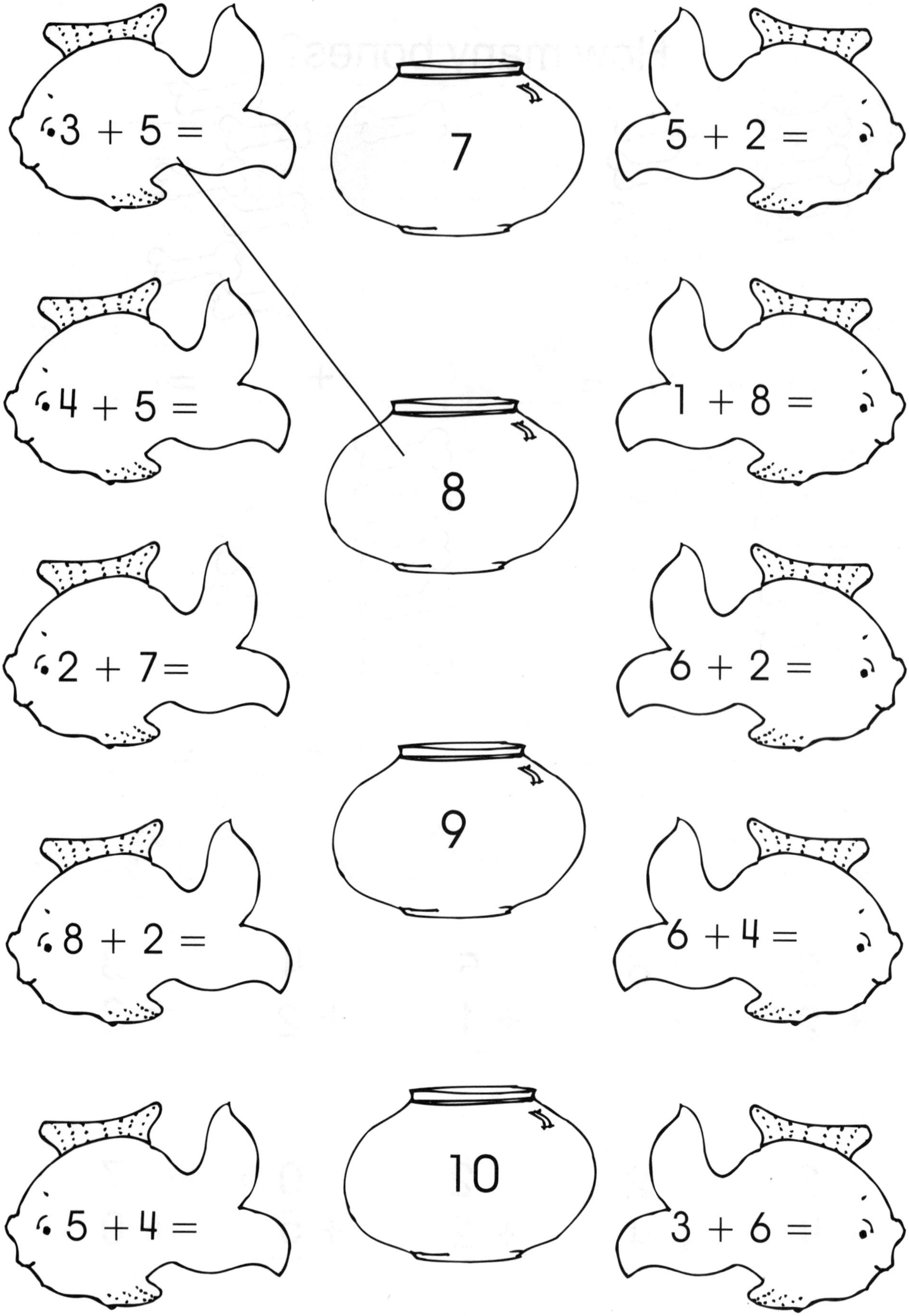

My Favorite Fruit

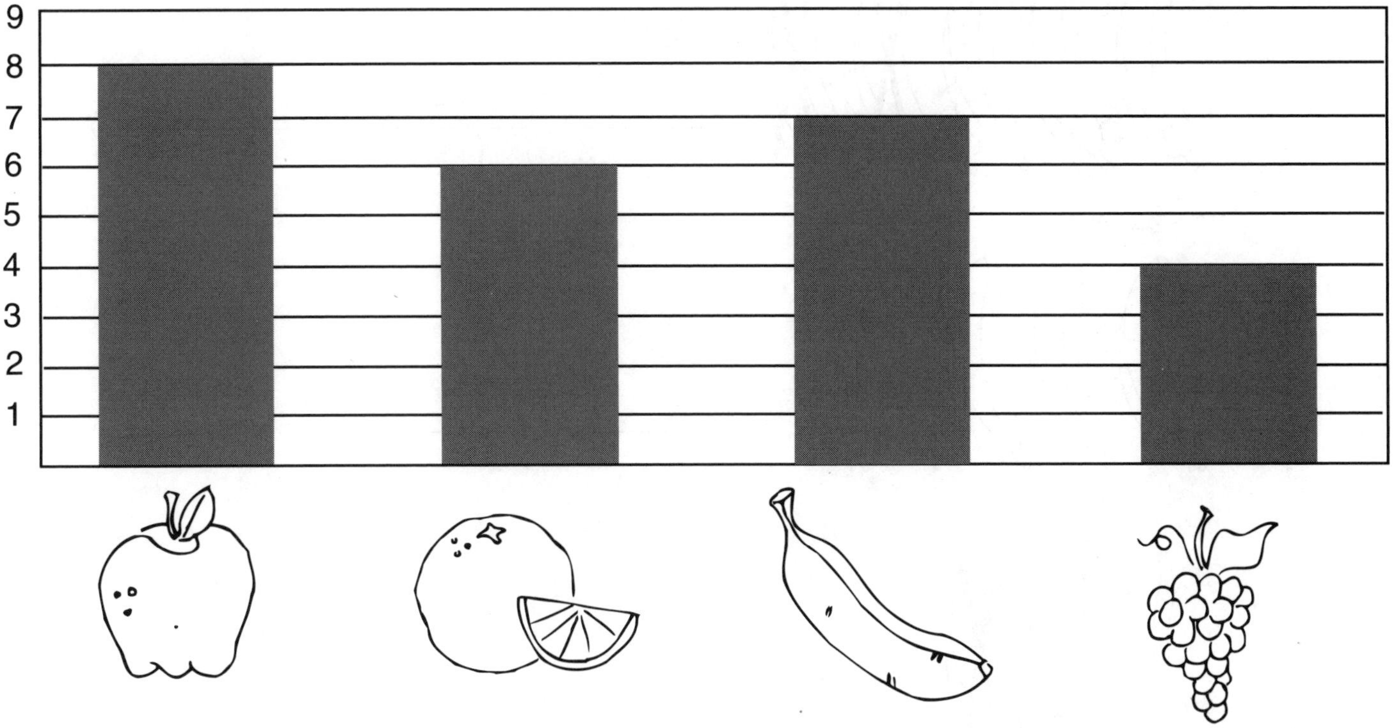

1. How many picked...?

 apples ________

 grapes ________

 oranges ________

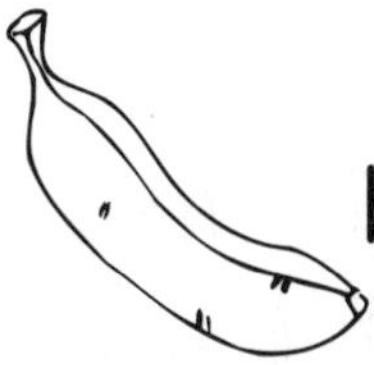 bananas ________

2. What was picked most? ________________

3. How many picked  oranges and  grapes together? ________________

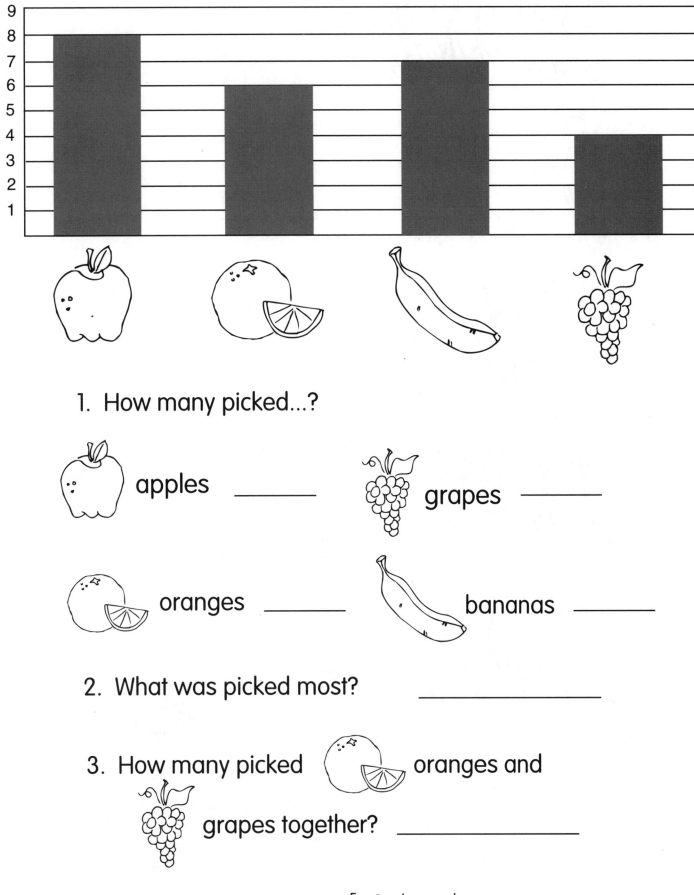

How many bananas are left?

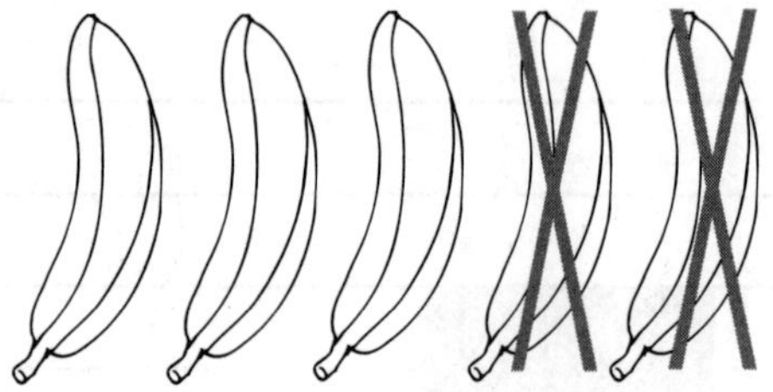

5 - 2 = 3

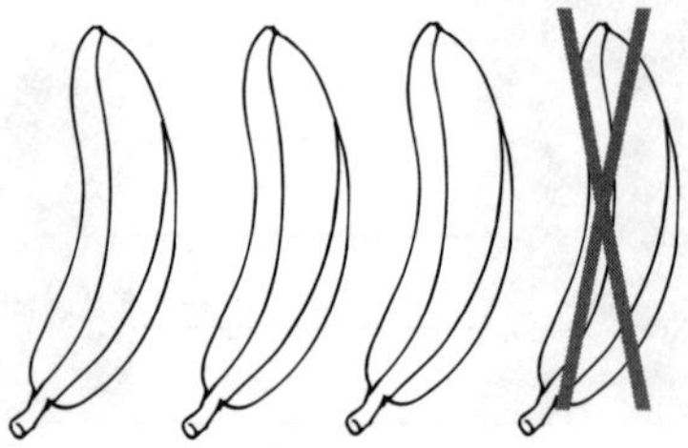

______ - ______ = ______

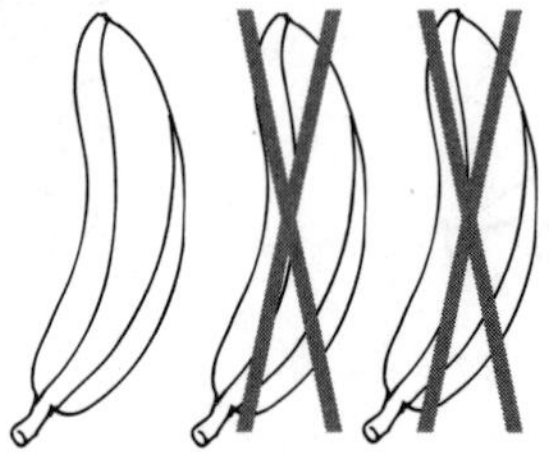

______ - ______ = ______

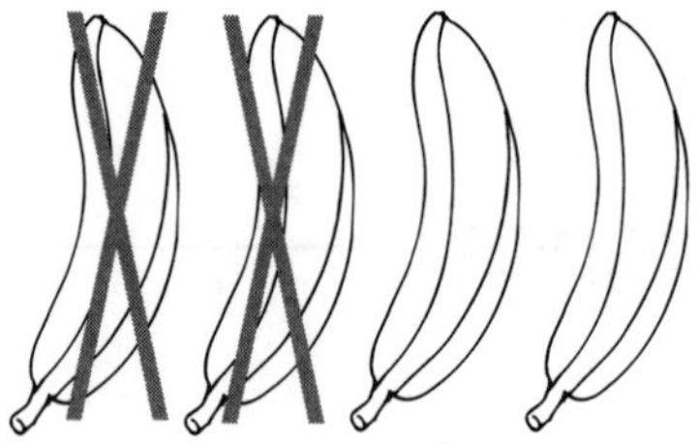

______ - ______ = ______

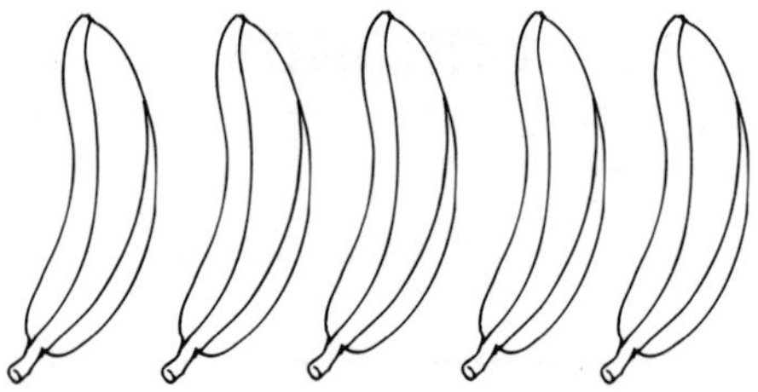

______ - ______ = ______

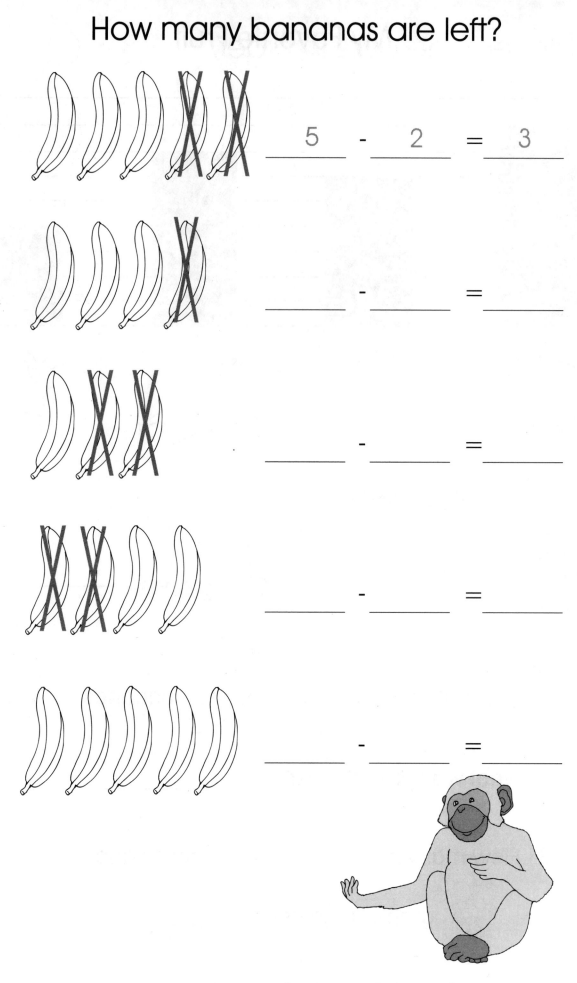

Connect the dots in order.
Start at 0.

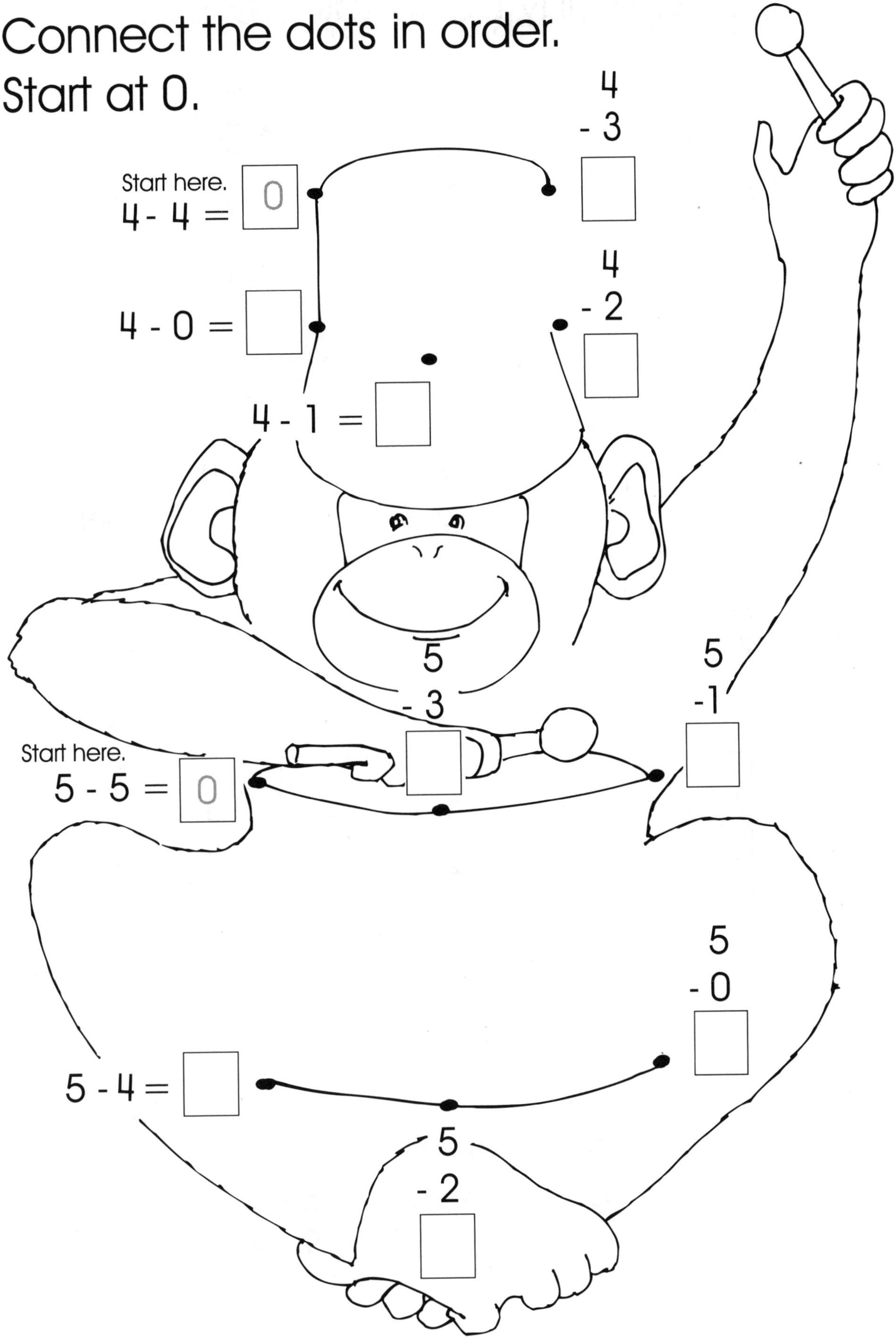

What has 4 wheels and flies?

6 -5
1
a

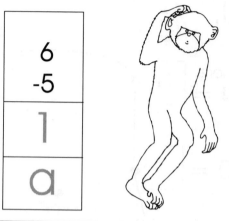

9 -7	8 -7	6 -3	9 -5	3 -2	4 -2	9 -4

7 -1	8 -5	9 -2	9 -1	9 -0

1 - a　　4 - b　　7 - u
2 - g　　5 - e　　8 - c
3 - r　　6 - t　　9 - k

What is the rule?

9 - 9 = ☐	1 - 0 = ☐
7 - 7 = ☐	7 - 0 = ☐
3 - 3 = ☐	2 - 0 = ☐
5 - 5 = ☐	9 - 0 = ☐
8 - 8 = ☐	8 - 0 = ☐
1 - 1 = ☐	6 - 0 = ☐
4 - 4 = ☐	3 - 0 = ☐
2 - 2 = ☐	5 - 0 = ☐
6 - 6 = ☐	4 - 0 = ☐

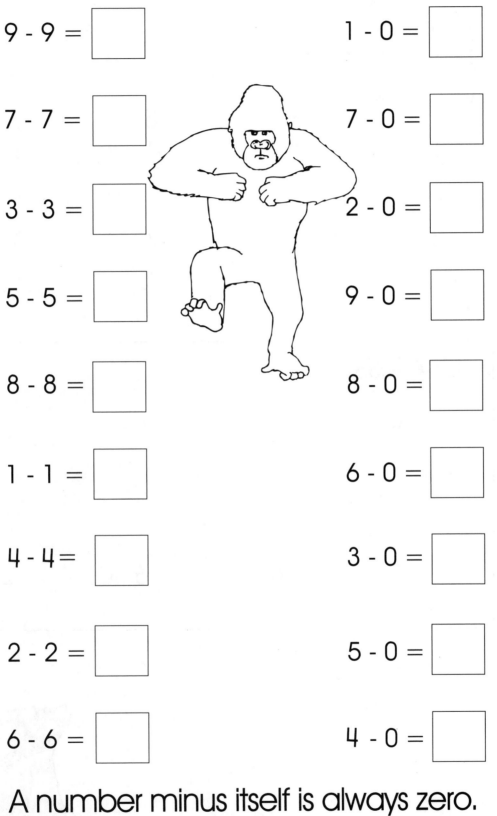

A number minus itself is always zero.
A number minus zero stays the same.

Take 1 Away

9	6	5	2
-1	-1	-1	-1
___	___	___	___
8	4	7	3
-1	-1	-1	-1
___	___	___	___

One less.

8 9   ___ 4   ___ 1   ___ 5

___ 3   ___ 8   ___ 6   ___ 2

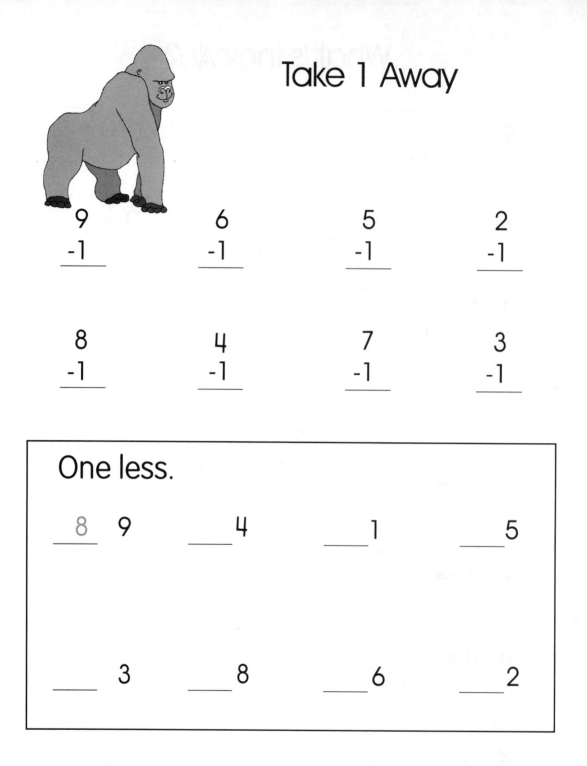

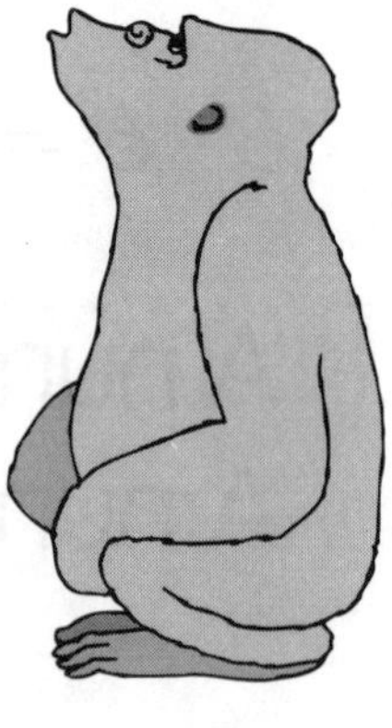

Subtract to Check Addition

Addition	Check	Check
$\begin{array}{r} 3 \\ +4 \\ \hline 7 \end{array}$	$\begin{array}{r} 7 \\ -3 \\ \hline 4 \end{array}$	$\begin{array}{r} 7 \\ -4 \\ \hline 3 \end{array}$
$\begin{array}{r} 1 \\ +3 \\ \hline 4 \end{array}$	$\begin{array}{r} 4 \\ -1 \\ \hline 3 \end{array}$	$\begin{array}{r} 4 \\ -3 \\ \hline 1 \end{array}$
$\begin{array}{r} 2 \\ +7 \\ \hline \end{array}$	___	___
$\begin{array}{r} 4 \\ +2 \\ \hline \end{array}$	___	___
$\begin{array}{r} 7 \\ +1 \\ \hline \end{array}$	___	___
$\begin{array}{r} 3 \\ +5 \\ \hline \end{array}$	___	___
$\begin{array}{r} 6 \\ +3 \\ \hline \end{array}$	___	___
$\begin{array}{r} 2 \\ +6 \\ \hline \end{array}$	___	___

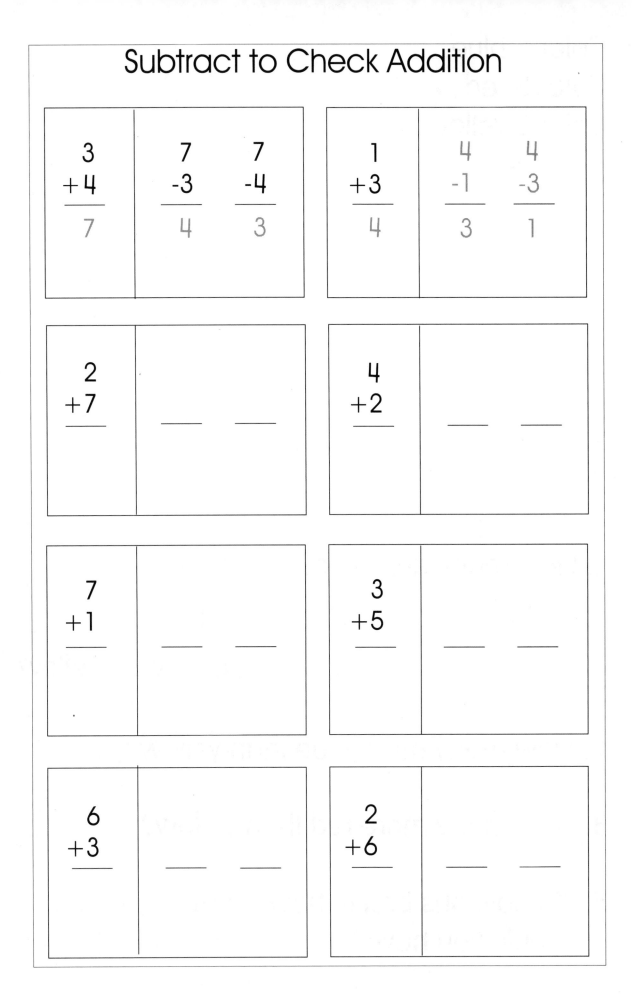

Color 5 blue.
Color 3 red.
Color 2 yellow.

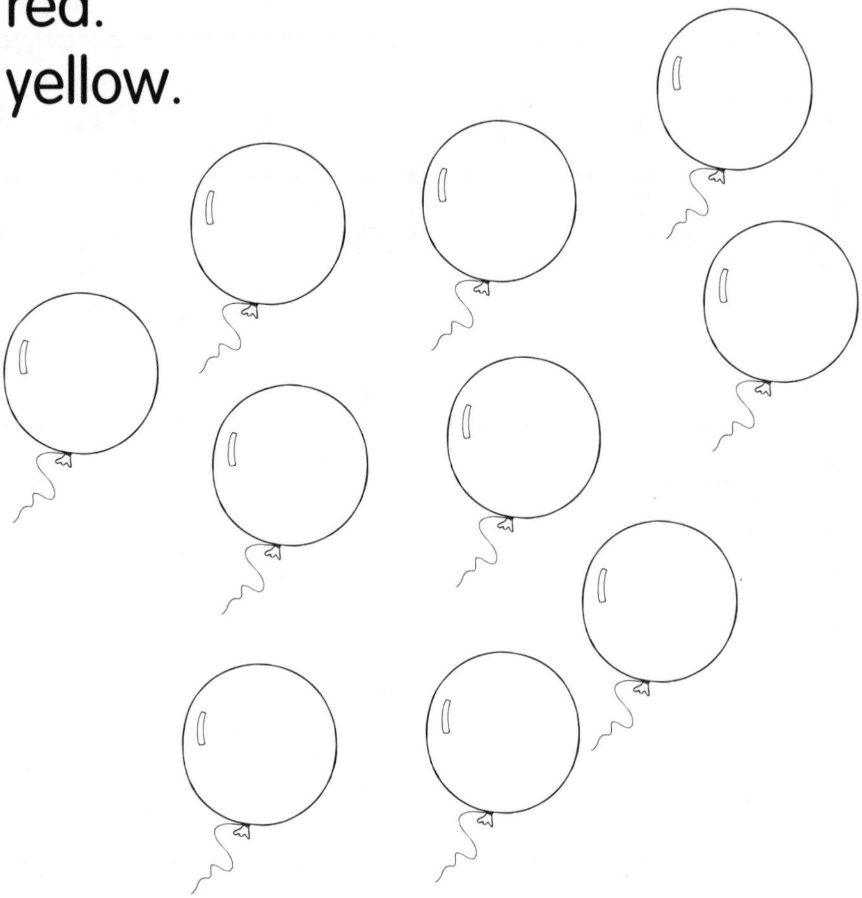

1. How many are there?

blue	red	yellow

2. How many more blue than yellow?

3. How many more red than yellow?

5. If 3 balloons broke, how many would you have?

Fill in the missing numbers.

Help Electro find his bone.

56	57	58	59		61	62	63	64
55	30	31	32	33		35	36	65
	29	12		14	15	16	37	66
53		11	2	3		17	38	
52	27	10	1		5	18	39	68
51	26		8	7	6		40	69
50	25	24		22	21	20	41	70
	48	47	46	45	44	43		
80		78	77		75	74	73	72
81	82	83		85	86	87		89
98	97	96		94	93		91	90
99	100	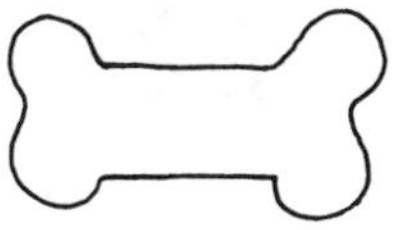						

Circle the **larger** number.

26	34
95	59
11	10
47	48
83	86
52	73
78	94
69	62
34	43

Cross out the **smaller** number.

17	15
23	18
50	70
89	98
31	26
74	47
45	41
36	66
92	55

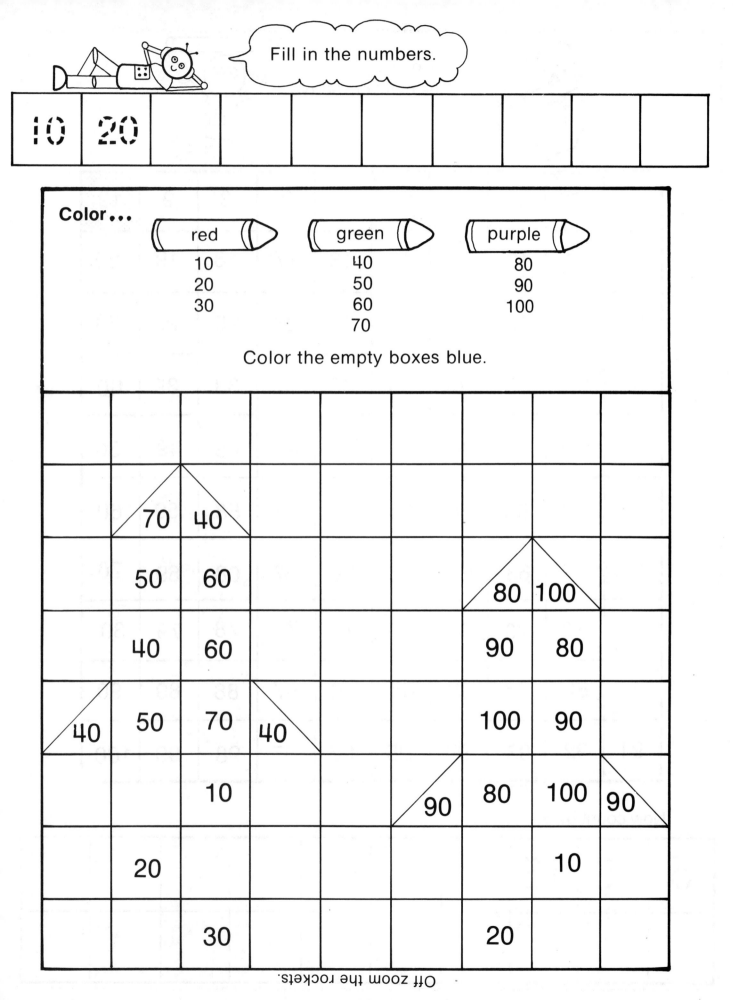

Fill in the numbers.

10	20								

Color...

red	green	purple
10	40	80
20	50	90
30	60	100
	70	

Color the empty boxes blue.

	70	40						
	50	60				80	100	
	40	60				90	80	
40	50	70	40			100	90	
		10			90	80	100	90
	20						10	
		30				20		

Off zoom the rockets.

Count by 5.
Color the numbers purple.

1	2	3	4	5	6	7	8	9	10
11	12	13	14	15	16	17	18	19	20
21	22	23	24	25	26	27	28	29	30
31	32	33	34	35	36	37	38	39	40
41	42	43	44	45	46	47	48	49	50
51	52	53	54	55	56	57	58	59	60
61	62	63	64	65	66	67	68	69	70
71	72	73	74	75	76	77	78	79	80
81	82	83	84	85	86	87	88	89	90
91	92	93	94	95	96	97	98	99	100

Now count by 5.

5	10	15							

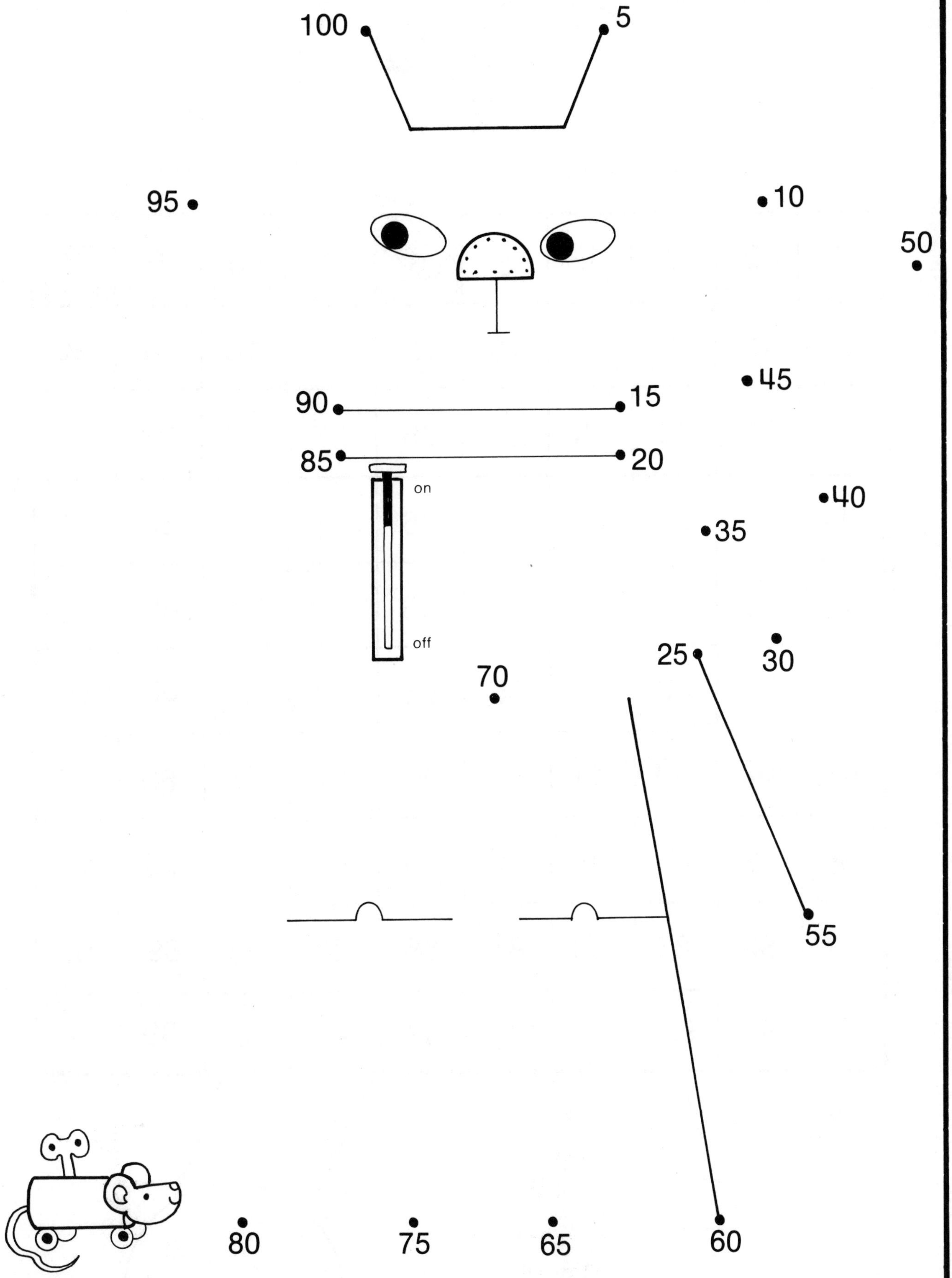
Count by 5s to 100.
100
5
95
10
50
45
90
15
85
20
on
40
35
off
25
30
70
55
80
75
65
60

Count by 2.
Color the numbers **red**.

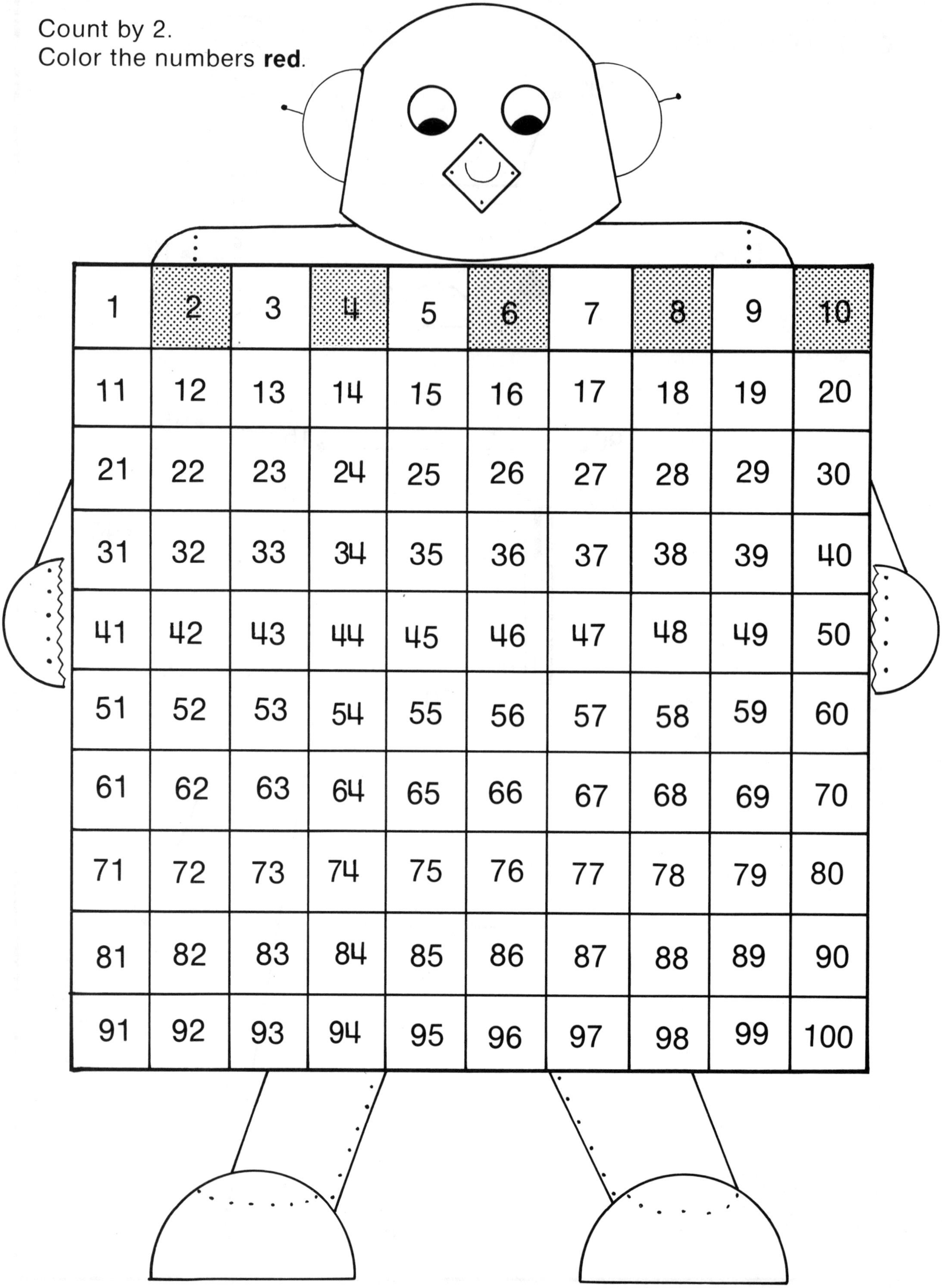

1	2	3	4	5	6	7	8	9	10
11	12	13	14	15	16	17	18	19	20
21	22	23	24	25	26	27	28	29	30
31	32	33	34	35	36	37	38	39	40
41	42	43	44	45	46	47	48	49	50
51	52	53	54	55	56	57	58	59	60
61	62	63	64	65	66	67	68	69	70
71	72	73	74	75	76	77	78	79	80
81	82	83	84	85	86	87	88	89	90
91	92	93	94	95	96	97	98	99	100

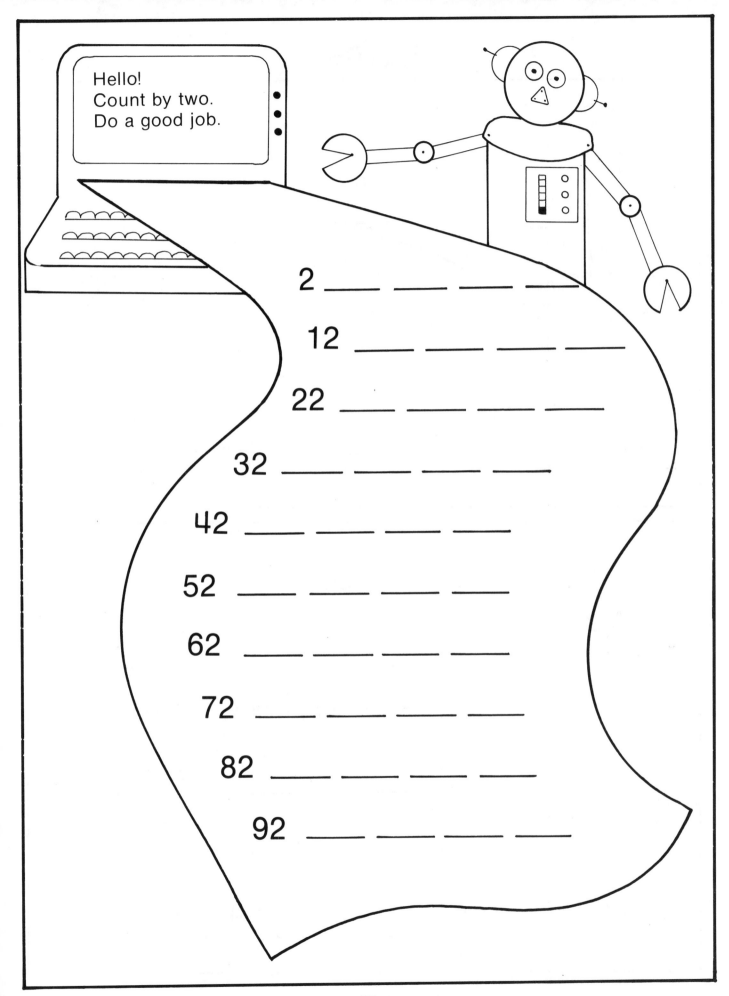

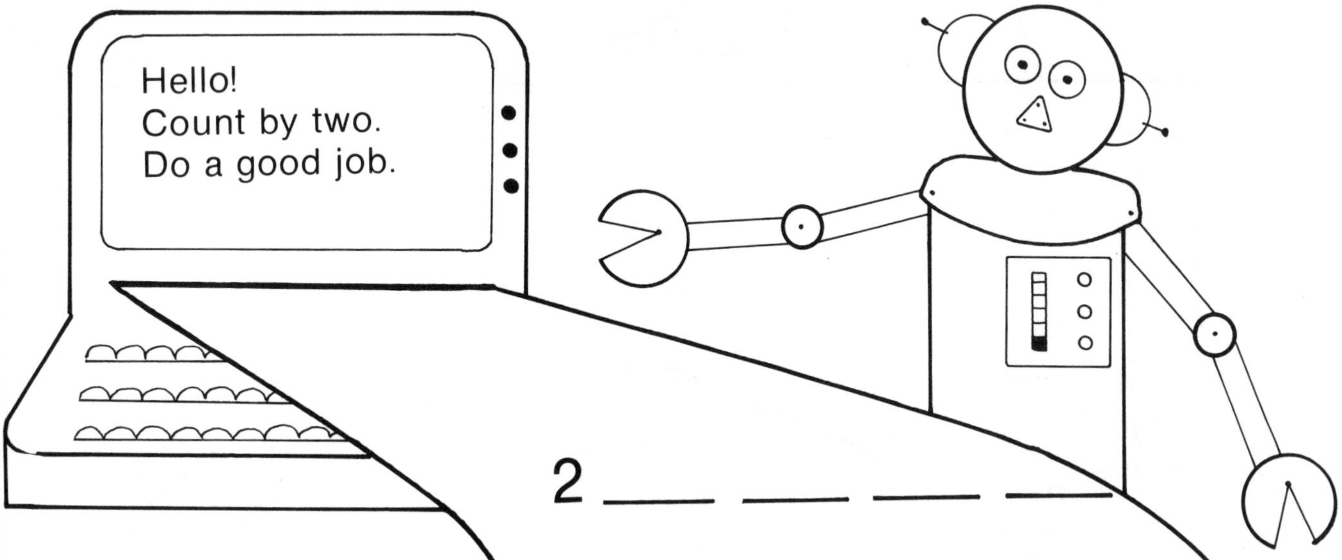
Hello!
Count by two.
Do a good job.

2 ___ ___ ___ ___

12 ___ ___ ___ ___

22 ___ ___ ___ ___

32 ___ ___ ___ ___

42 ___ ___ ___ ___

52 ___ ___ ___ ___

62 ___ ___ ___ ___

72 ___ ___ ___ ___

82 ___ ___ ___ ___

92 ___ ___ ___ ___

The Pets

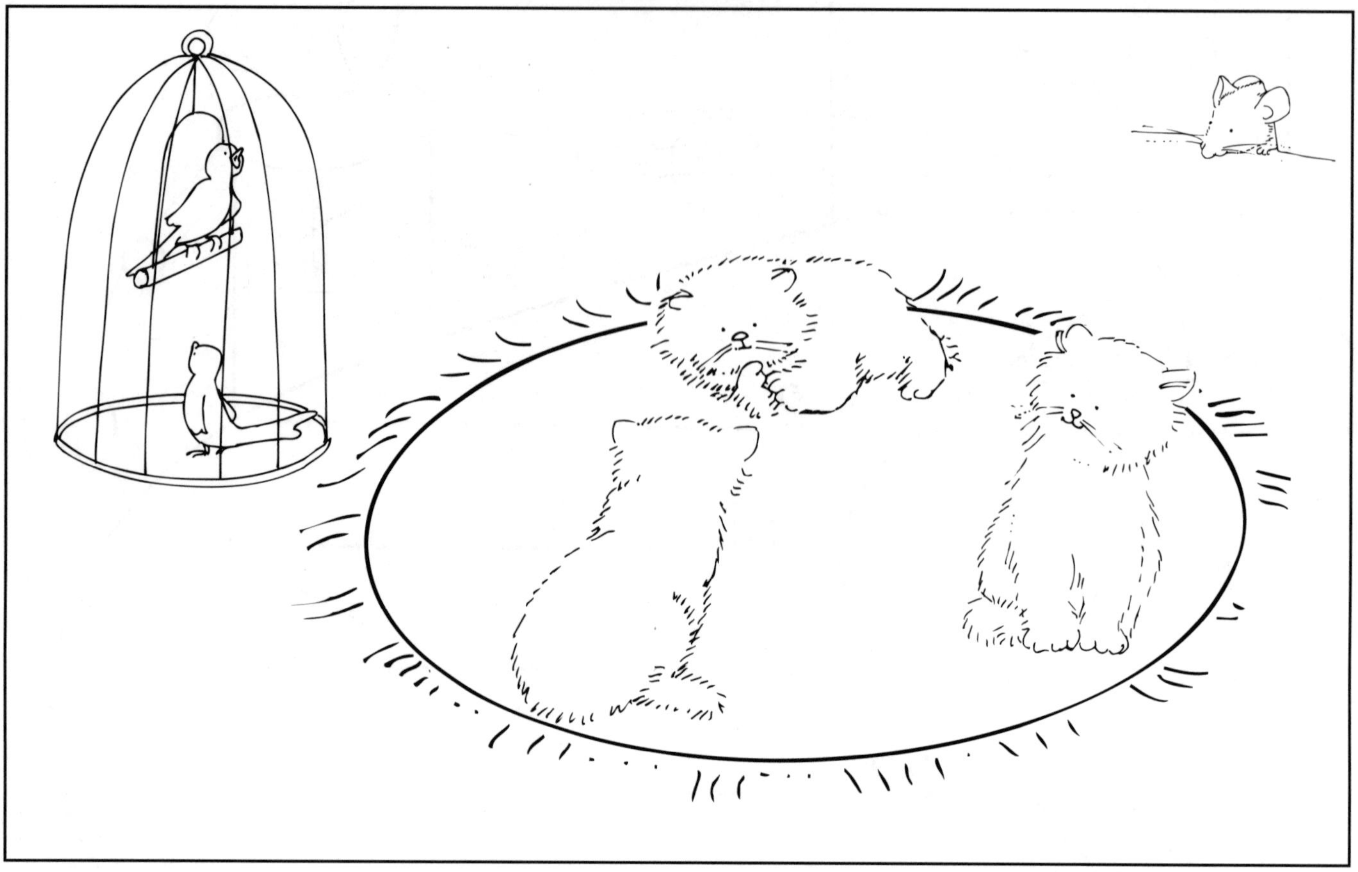

 2 ___

 ___

 ___

 and 

___ + ___ = ___

How many more  than .

___ − ___ = ___

 and  and 

___ + ___ + ___ = ___

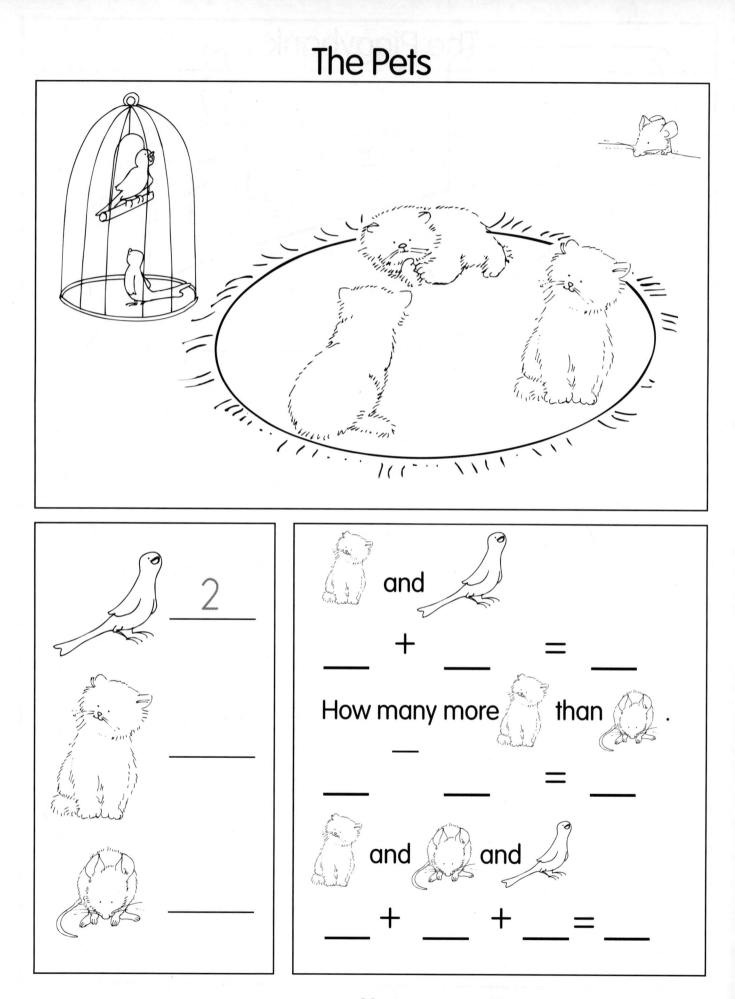

The Piggybank

How much?

 1 ¢

 ____ ¢

 ____ ¢

How much is in the  ? ____ ¢

 = ____ ¢

 = ____ ¢

 = ____ ¢

 = ____ ¢

 = ____ ¢

Blow Bubbles

Make 12 big .

Color 6 yellow

2 blue

4 white

How many yellow and white ?

___ + ___ = ___

How many more yellow than blue ?

___ − ___ = ___

How many blue and yellow ?

___ + ___ = ___

How many more white than blue ?

___ − ___ = ___

If 4 pop, I will have ______ left.

If I blow 2 more , I will have ______ in all.

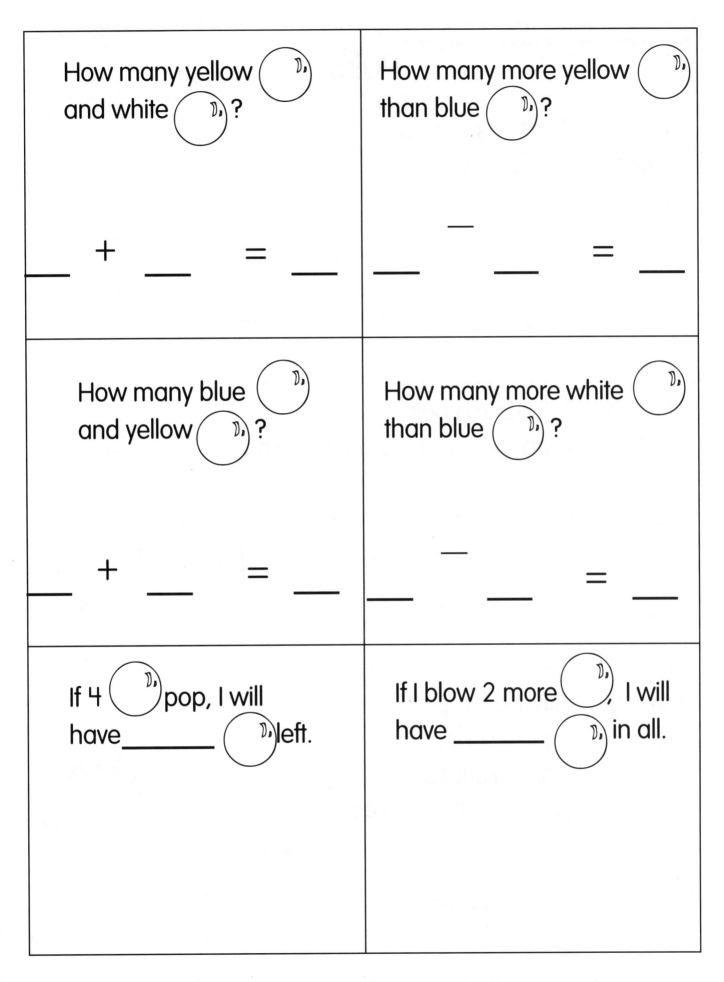

Parents: You may need to read these directions to your child. If your child has trouble finding the answer, encourage him/her to draw pictures as a way to solve the problem.

Pairs

There are 2 mittens in a pair.
How many mittens are in 3 pairs?

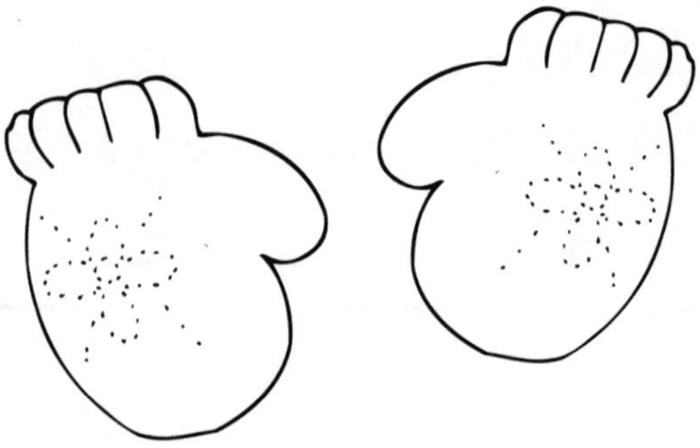

________ mittens

There are 2 socks in a pair.
If I have 10 socks, how many pairs do I have?

________ pairs

There are 2 shoes in a pair.
Lee has 3 pairs of shoes.
Ann had 3 pairs of shoes.
How many shoes do they have in all?

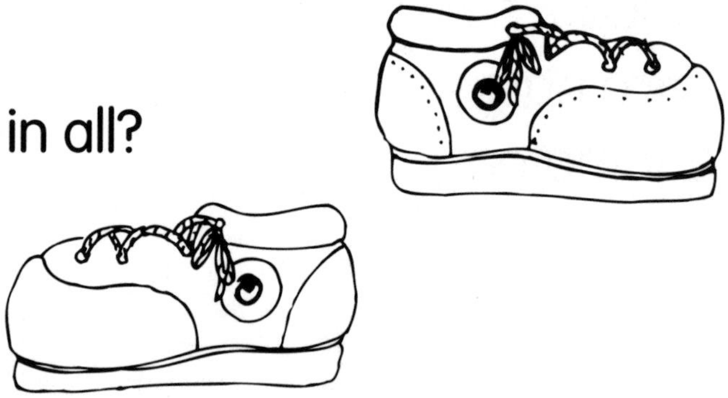

________ shoes

Parents: You may need to help your child read these problems.

My Garden

I got six packs of seeds for my garden.
A pack of seeds costs 10 cents.
How much did I spend for seeds?

_______ ¢

I planted 4 rows of squash.
I planted 2 rows of tomatoes.
I planted 7 rows of corn.
How many rows did I plant?

_______ rows

I picked vegetables from my garden.
I filled 2 baskets with vegetables.
Each basket had 3 ears of corn,
2 tomatoes, and 1 squash.
How many vegetables did I pick?

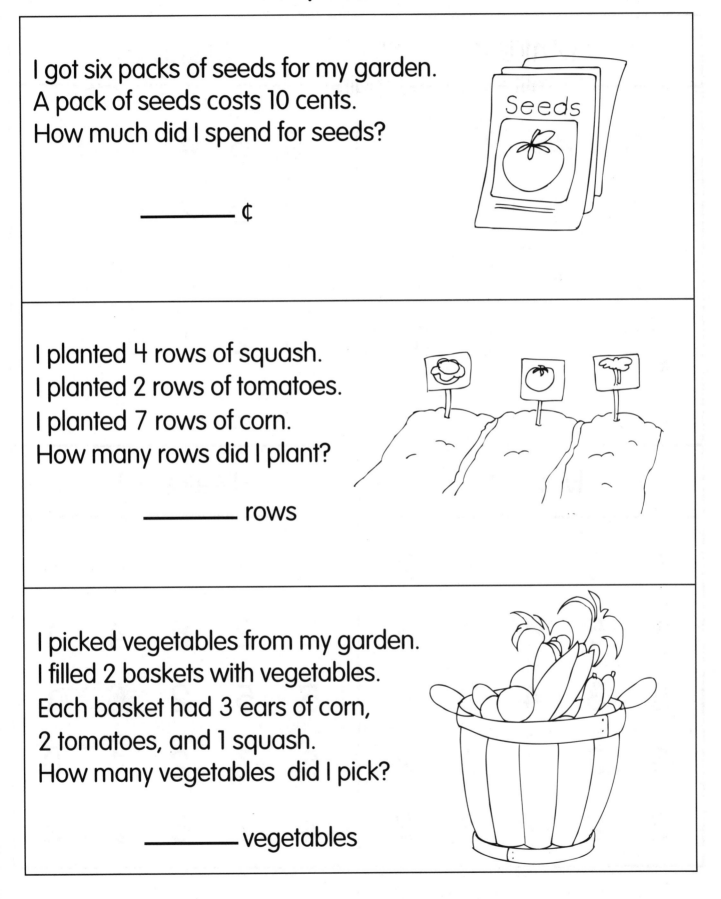

_______ vegetables

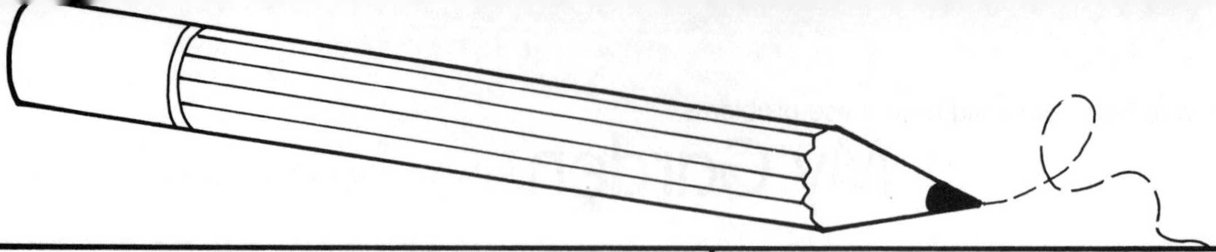

Make 4

0	4	2	3
1	3	1	1
2	3	1	4
2	0	1	0

Make 6

0	6	4	1	1
3	2	2	0	4
3	2	3	6	2
0	2	1	5	1

Make 8

7	6	2	3	2
1	5	4	4	3
8	3	4	2	6
5	2	1	2	2
2	2	2	2	2

Make 10

3	3	1	9	8
2	2	8	4	1
5	5	2	6	1
5	7	2	1	0
4	1	6	2	2

Color the blanket.

10	yellow
11	orange
12	blue

5 3 +4	9 1 +1	9 2 +1	5 5 +0	6 0 +6	4 3 +4
5 6 +0	4 4 +4	0 2 +8	3 3 +6	6 2 +3	8 2 +2
8 1 +3	2 6 +2	4 7 +1	7 3 +1	2 6 +4	3 4 +3
3 6 +1	5 3 +4	5 3 +3	8 2 +2	5 1 +4	5 1 +5

Why did the elephant sit on a marshmallow?

2-i
3-f
4-d
5-u
6-w
7-c
8-a

9-s
10-n
11-e
12-l
13-o
14-t
15-h

6 +3	9 +4

4 +5	8 +7	9 +2

2 +4	8 +5	5 +0	9 +3	1 +3	8 +2	5 +9

___ ___   ___ ___ ___   ___ ___ ___ ___ ___ ___' ___

2 +1	3 +5	8 +4	6 +6

2 +0	3 +7	6 +8	7 +6

7 +7	9 +6	5 +6

___ ___ ___ ___   ___ ___ ___ ___   ___ ___ ___

6 +9	4 +9	8 +6

5 +2	7 +8	6 +7	1 +6	5 +8	7 +5	4 +4	9 +5	4 +7

___ ___ ___   ___ ___ ___ ___ ___ ___ ___ ___

Up, Up, and Away

$$\begin{array}{r} 5 \\ +4 \\ \hline \square \end{array}$$

$$\begin{array}{r} 2 \\ +6 \\ \hline \square \end{array} \qquad \begin{array}{r} 3 \\ +7 \\ \hline \square \end{array}$$

$$\begin{array}{r} 3 \\ +4 \\ \hline \square \end{array} \qquad \begin{array}{r} 5 \\ +6 \\ \hline \square \end{array}$$

$$\begin{array}{r} 6 \\ +0 \\ \hline \square \end{array} \qquad \begin{array}{r} 3 \\ +9 \\ \hline \square \end{array}$$

$$\begin{array}{r} 2 \\ +3 \\ \hline \square \end{array} \qquad \begin{array}{r} 6 \\ +7 \\ \hline \square \end{array}$$

$$\begin{array}{r} 3 \\ +1 \\ \hline \square \end{array} \qquad \begin{array}{r} 0 \\ +1 \\ \hline \square \end{array} \qquad \begin{array}{r} 9 \\ +9 \\ \hline \square \end{array} \qquad \begin{array}{r} 8 \\ +7 \\ \hline \square \end{array} \qquad \begin{array}{r} 5 \\ +9 \\ \hline \square \end{array}$$

$$\begin{array}{r} 1 \\ +2 \\ \hline \square \end{array} \qquad \begin{array}{r} 1 \\ +1 \\ \hline \square \end{array} \qquad \begin{array}{r} 9 \\ +8 \\ \hline \square \end{array} \qquad \begin{array}{r} 7 \\ +9 \\ \hline \square \end{array}$$

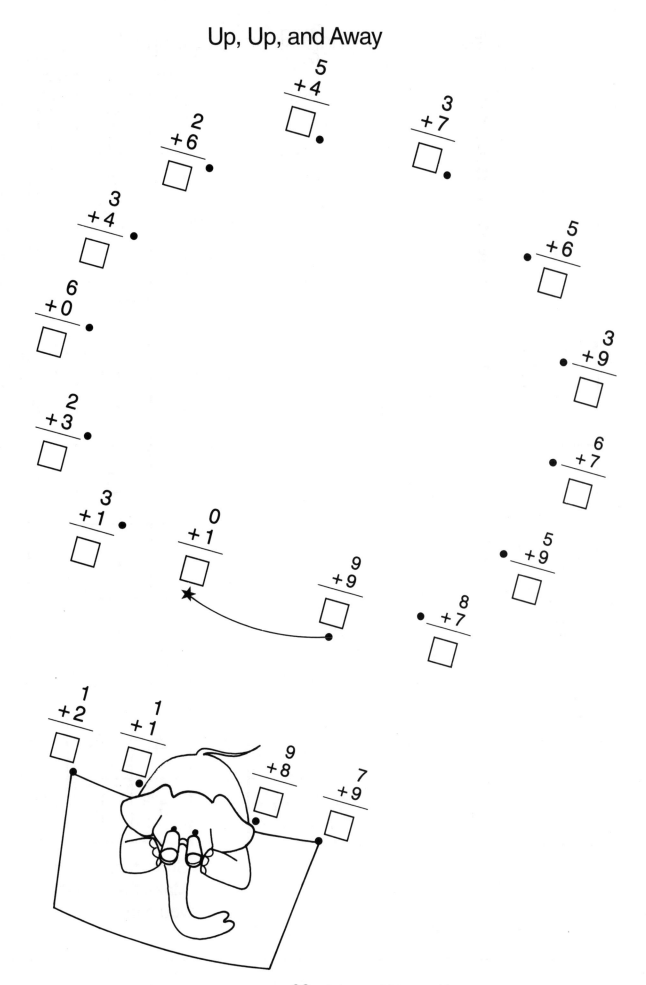

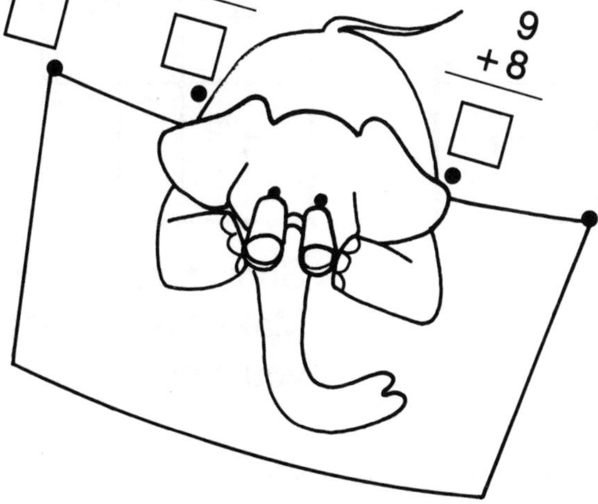

Ring Toss

1. score ____________

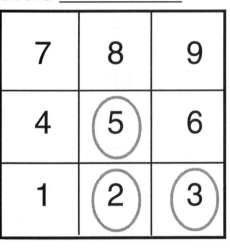

7	8	9
4	5	6
1	2	3

2. score ____________

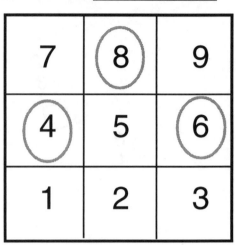

7	8	9
4	5	6
1	2	3

3. score ____________

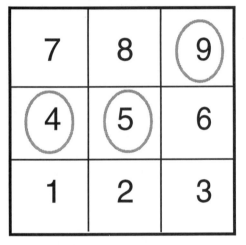

7	8	9
4	5	6
1	2	3

4. score ____________

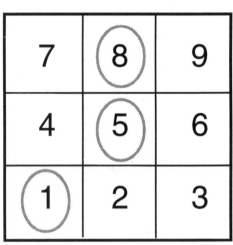

7	8	9
4	5	6
1	2	3

5. Ralph

7	8	9
4	5	6
1	2	3

Alfred

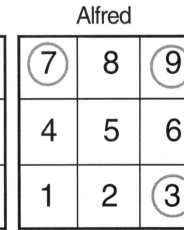

7	8	9
4	5	6
1	2	3

a. Who has the highest score? ____________

b. How higher is his score? ____________

6.

7	8	9
4	5	6
1	2	3

Show three throws. Make the highest score you can.

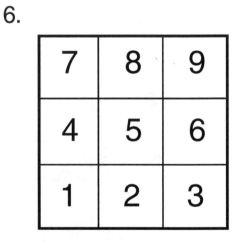

What is gray, has big ears, and carries a trunk?

6-r
7-t
8-v
9-c
10-e

11-s
12-u
13-m
14-i

15-g
16-n
17-a
18-o

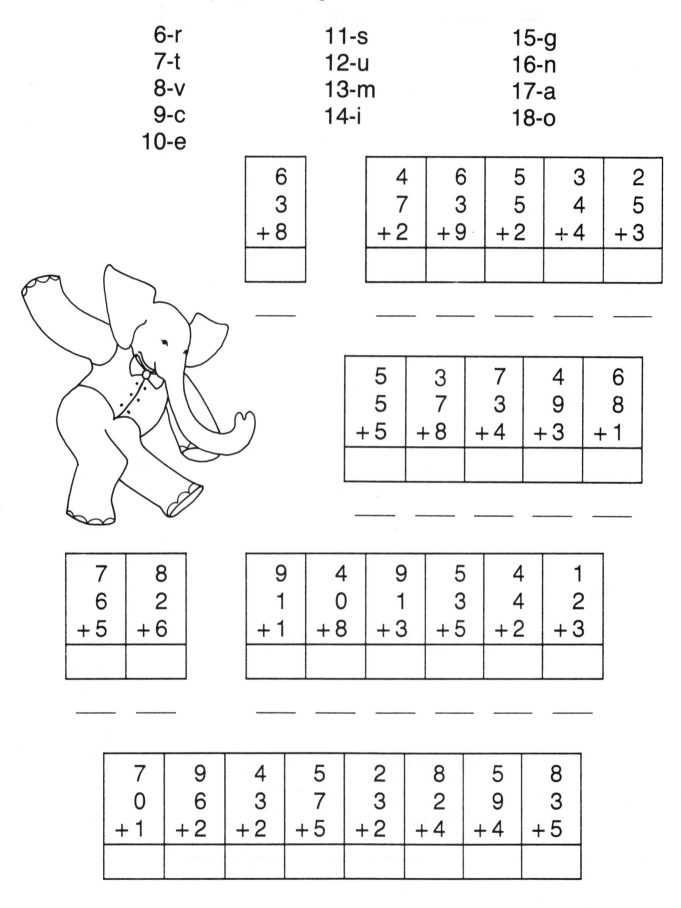

6
3
+8

____

4	6	5	3	2
7	3	5	4	5
+2	+9	+2	+4	+3

____ ____ ____ ____ ____

5	3	7	4	6
5	7	3	9	8
+5	+8	+4	+3	+1

____ ____ ____ ____ ____

7	8
6	2
+5	+6

____ ____

9	4	9	5	4	1
1	0	1	3	4	2
+1	+8	+3	+5	+2	+3

____ ____ ____ ____ ____ ____

7	9	4	5	2	8	5	8
0	6	3	7	3	2	9	3
+1	+2	+2	+5	+2	+4	+4	+5

____ ____ ____ ____ ____ ____ ____ ____ .

What did the elephant say when he sat on the box of cookies?

46 + 23	73 + 14	25 + 33	54 + 15	65 + 31

37 + 32	44 + 43	52 + 22

___ ___ ___ ___' ___   ___ ___ ___

36 + 63	40 + 18	12 + 24

28 + 41	65 + 22	41 + 33

___ ___ ___   ___ ___ ___

24 + 24	33 + 33	42 + 24	19 + 40	20 + 11	12 + 62

___ ___ ___ ___ ___ ___

31 + 17	61 + 34	35 + 12	26 + 13	14 + 41	45 + 32	44 + 30	72 + 24

___ ___ ___ ___ ___ ___ ___ ___ !

31-i
36-y
39-m
47-u
48-c
55-b
58-a
59-k
66-o
69-t
74-e
77-l
87-h
95-r
96-s
99-w

REVIEW 1

Skill: shows an understanding of patterns of objects and numbers

Finish the pattern.
Draw what comes next.

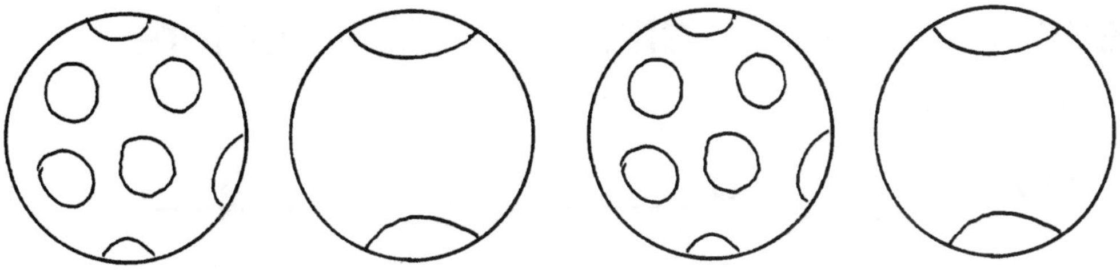

____

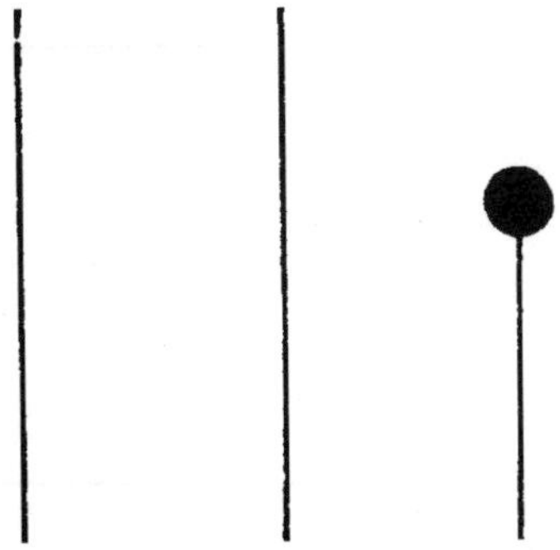

________ ________ ________

________ ________ ________

1 2 3 1 2 3 ______ ______ ______

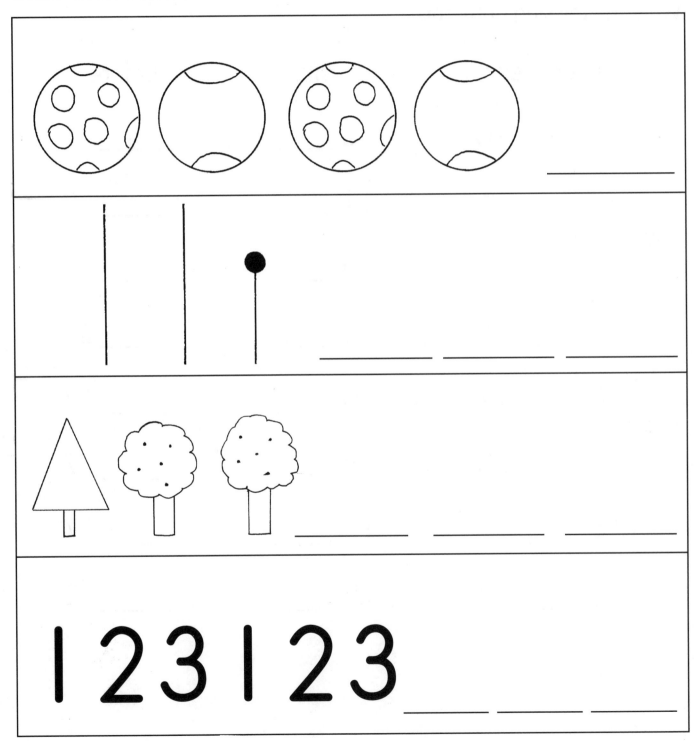

1 REVIEW

Skill: identifies which numbers come between, after, or before given numbers to 20

Write the missing numerals.

in between	after	before
8 __9__ 10	6 __7__	__6__ 7
3 ____ 5	11 ____	____ 9
12 ____ 14	9 ____	____ 11
6 ____ 8	15 ____	____ 20
10 ____ 12	0 ____	____ 13
18 ____ 20	4 ____	____ 7
15 ____ 17	19 ____	____ 17
12 ____ 14	14 ____	____ 2

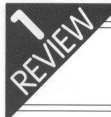

Parents: Have your child count aloud from 1 to 100, then read each of the numbers aloud to you.

Skill: reads numerals to 100

25	31	40	59
30	62	44	27
50	73	60	83
90	86	38	80
77	23	9	100

1 REVIEW

Skill: writes numerals in sequence from 1 to 100

Write from 1 to 100.

1									

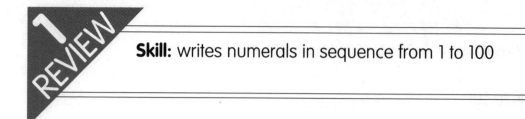

REVIEW 1

Skill: identifies which numbers come between, after, or before given numbers to 100

Write the missing numerals.

after	before	in between
21 22	46 47	29 30 31
39 ____	____ 50	43 ____ 45
45 ____	____ 36	38 ____ 40
50 ____	____ 64	51 ____ 53
64 ____	____ 21	67 ____ 69
77 ____	____ 92	80 ____ 82
99 ____	____ 63	87 ____ 89

REVIEW 1

Skill: can tell which of two numbers is less and which is greater

Circle the larger number.	
26	(34)
95	59
11	10
47	48
83	86
52	73

Cross out the smaller number.	
17	~~15~~
23	18
50	70
89	98
31	26
74	47

Skill: counts by 10s to 100

REVIEW 1

Count by 10s to 100

Count by 10s to connect the dots.

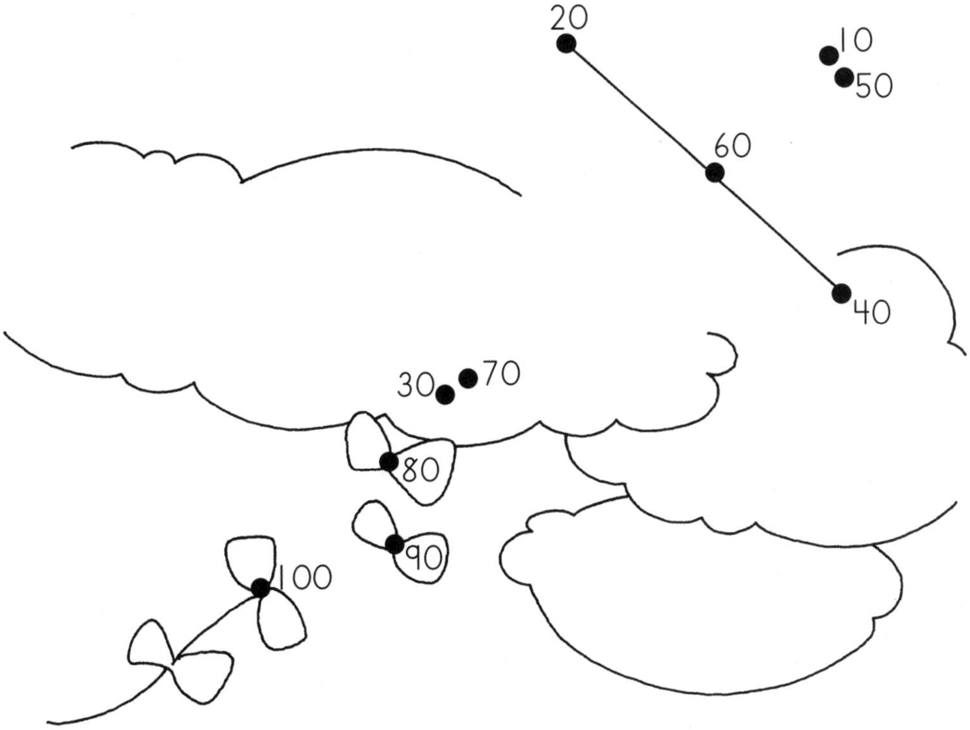

1 REVIEW

Skill: counts by 5s to 100

Count by 5s to 100

Count by 5s to connect the dots.

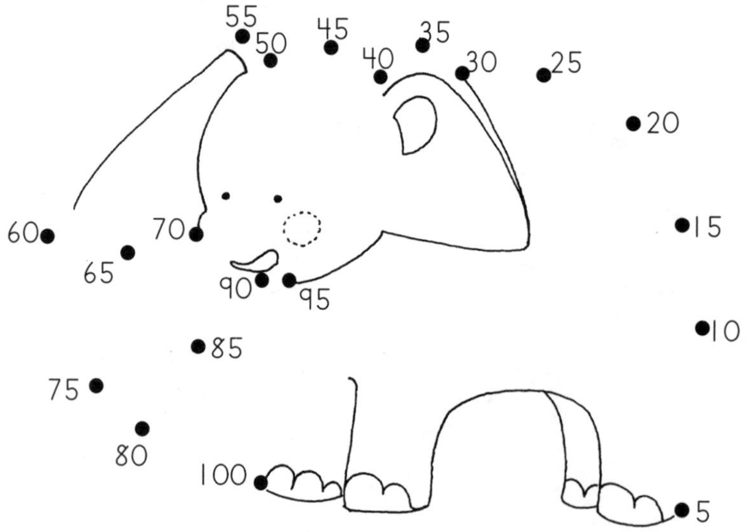

Skill: identifies number words to ten

REVIEW 1

Read the word.
Write the numeral on the line.

ten ________	nine ________
six ________	three ________
eight ________	one ________
four ________	two ________
seven ________	five ________

Write the number word.

6 ________ 10 ________ 7 ________

1 REVIEW

Skill: • identifies ordinal numbers through 10
• identifies first and last

first	second	third	fourth	fifth
sixth	seventh	eighth	ninth	tenth

Draw a line.

first •

fifth•

third •

second •

sixth•

ninth•

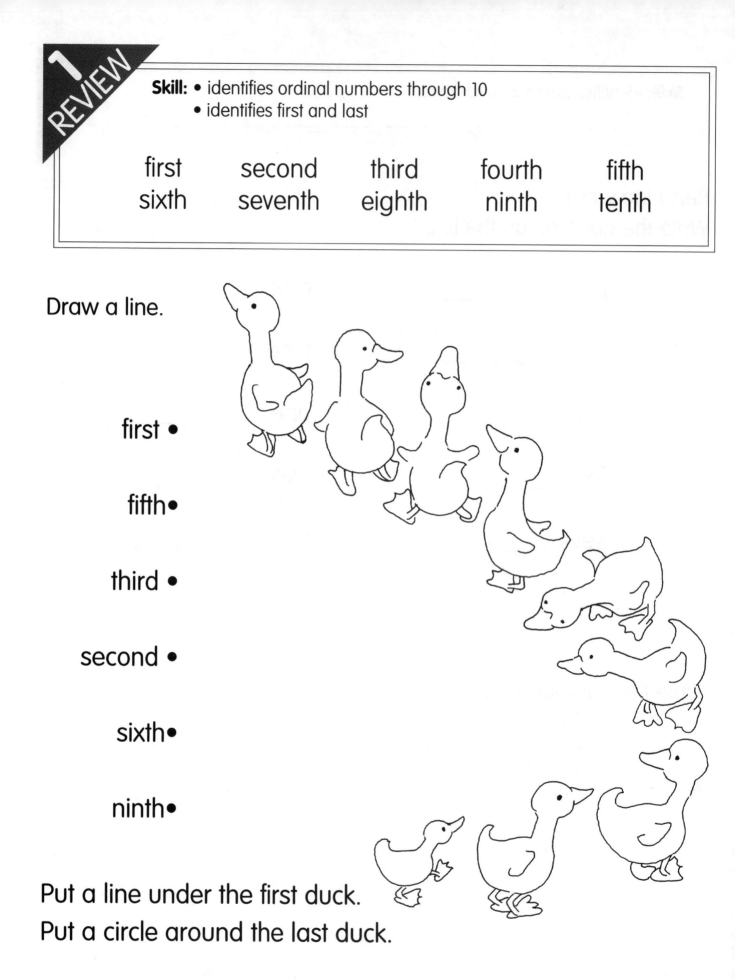

Put a line under the first duck.

Put a circle around the last duck.

REVIEW 1

Skill: • recalls basic addition facts
• recognizes the symbol +

Add.

8	5	2	2	4	2
+1	+3	+6	+7	+5	+3
0	1	4	3	7	8
+7	+5	+4	+6	+2	+0
3	6	5	1	1	3
+5	+3	+4	+7	+8	+4
3	4	9	4	2	7
+3	+2	+0	+5	+5	+1
0	6	6	8	3	1
+9	+2	+3	+1	+5	+8

1 REVIEW

Skill: • recalls basic subtraction facts

Subtract.

7 − 2	8 − 2	6 − 2	7 − 5	8 − 4	3 − 0
5 − 1	10 − 5	9 − 7	8 − 7	7 − 3	6 − 3
9 − 2	5 − 2	6 − 1	9 − 6	9 − 4	5 − 3
9 − 3	7 − 7	7 − 4	9 − 1	5 − 4	8 − 3
8 − 6	9 − 5	7 − 6	8 − 8	9 − 8	8 − 5

Skill: adds numbers in a series to sums of 10 or less

REVIEW 1

Add.

2	3	6	4	8	1
3	5	1	3	0	7
+4	+1	+2	+1	+2	+1

1	2	3	4	5	6
6	5	4	3	2	1
+3	+2	+3	+2	+3	+2

3	5	7	2	9	6
4	2	0	6	1	3
+2	+1	+2	+1	+0	+0

1 REVIEW

Skill: solves word problems involving addition and subtraction

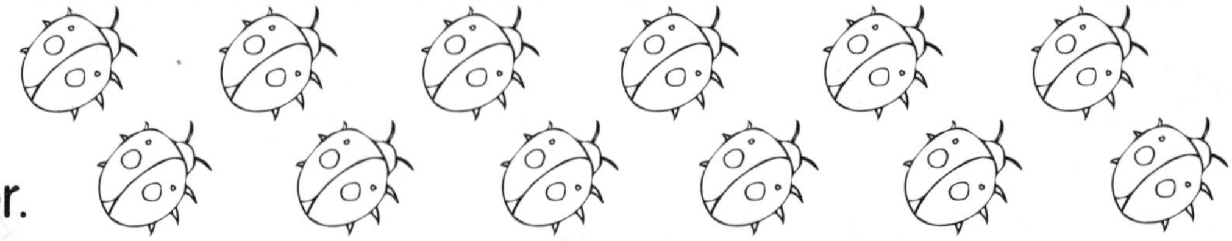

Find the answer.

1. 5 red bugs.
   3 yellow bugs.
   How many bugs in all?

2. 8 black bugs.
   4 green bugs.
   How many more black bugs than green bugs?

3. I see 6 bugs.
   4 more come.
   How many bugs in all?

4. I see 9 bugs.
   3 bugs go away
   How many bugs are left?

5. I see 3 bugs and 5 bugs and 1 bug. How many bugs in all?

6. I see 10 bugs.
   5 bugs go away.
   How many bugs are left?

Skill: understands the meaning of and can use terms of comparison

REVIEW 1

Color the longer snake.
Put an X on the shorter snake.

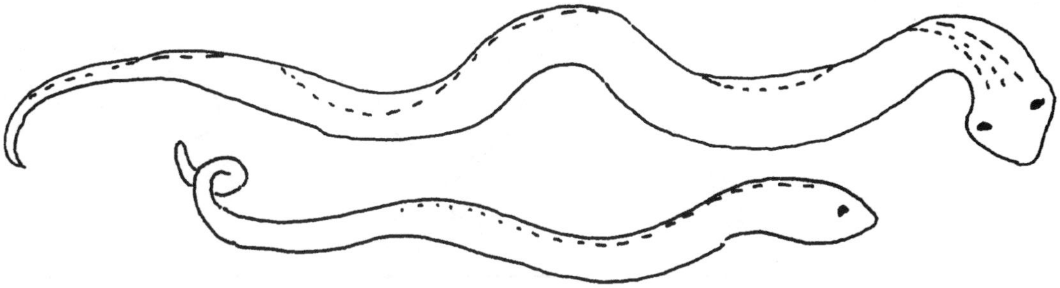

Color the smallest ball.
Put an X on the largest ball.

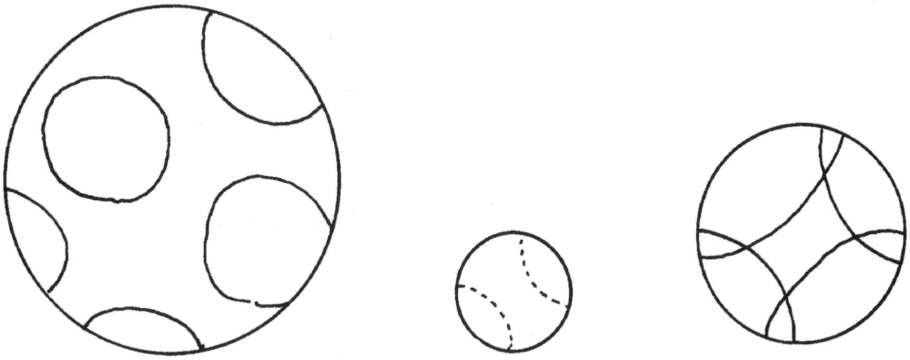

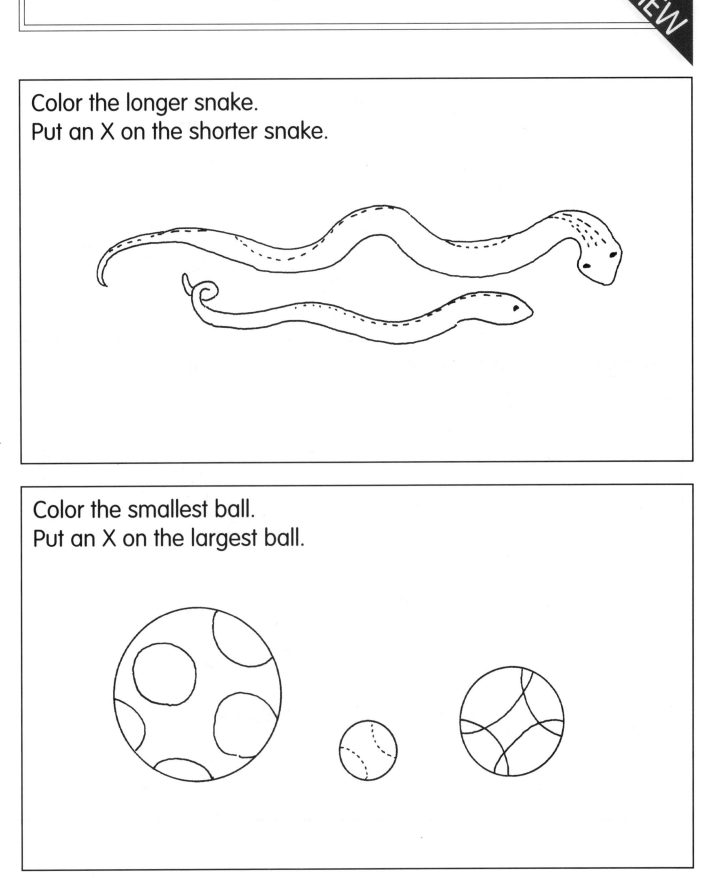

1 REVIEW

Skill: identifies equivalent sets

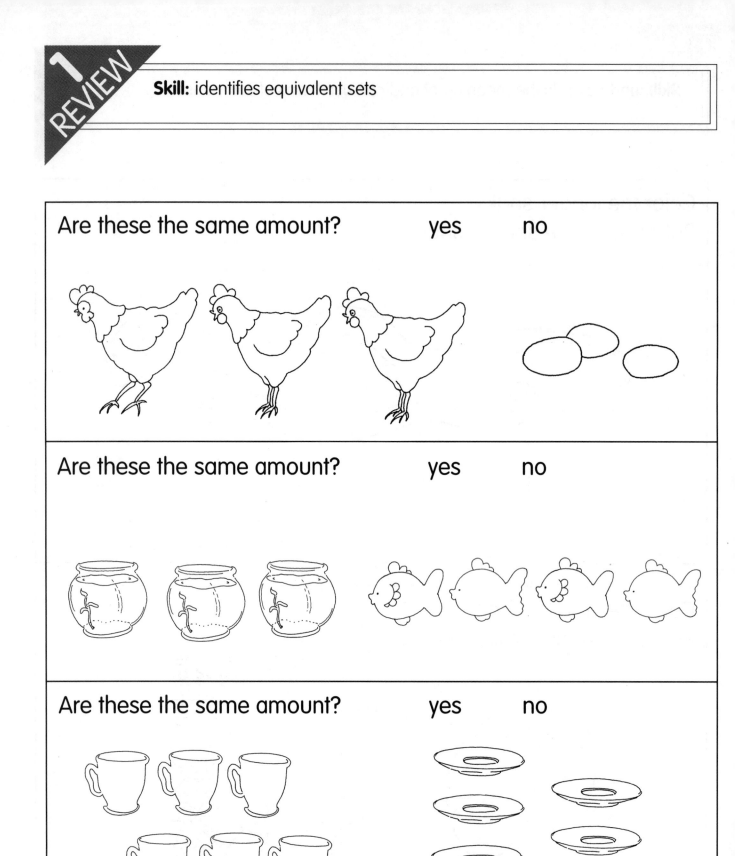

Are these the same amount? yes no

Are these the same amount? yes no

Are these the same amount? yes no

REVIEW 1

Parents: Point to each coin. Ask your child to name it and tell how much it is worth. Then have him/her do the matching activity.

Skill: identifies and gives the value in cents for penny, nickel, dime and quarter

• 1 cent

• 25 cents

• 5 cents

• 10 cents

1 REVIEW

Skill: gives the value for groups of coins

Count the money.
How much is it?

_____ ¢

_____ ¢

_____ ¢

_____ ¢

_____ ¢

_____ ¢

REVIEW 1

Skill: shows the ability to tell time to the nearest half-hour

Write the time.

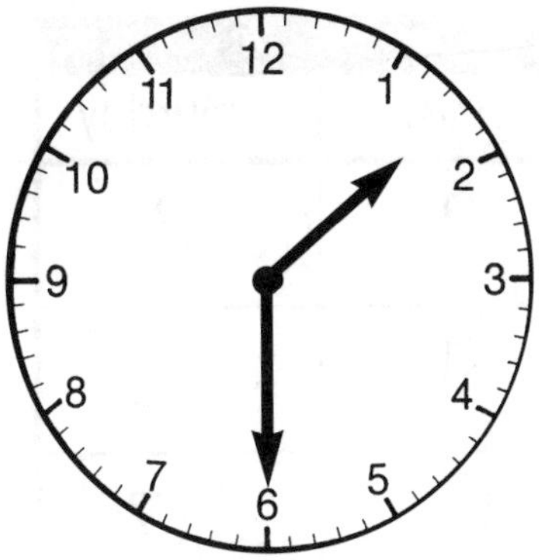

1:30

:

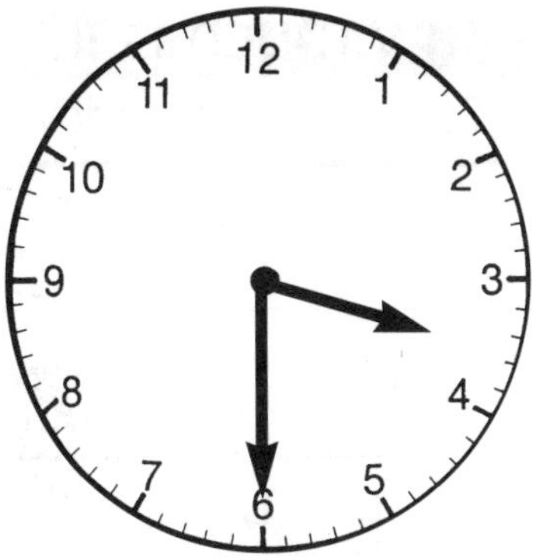

:

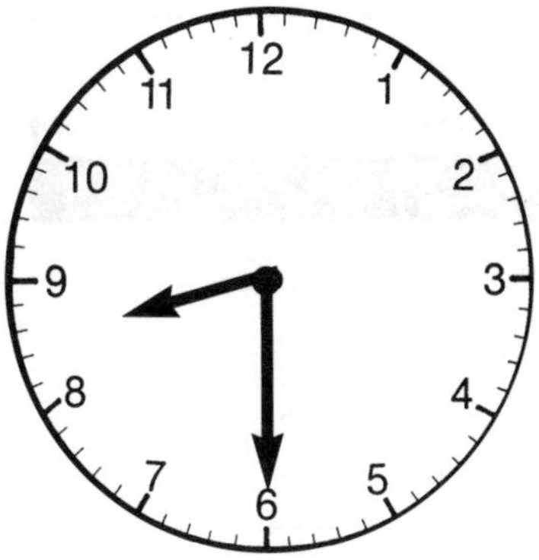

:

:

:

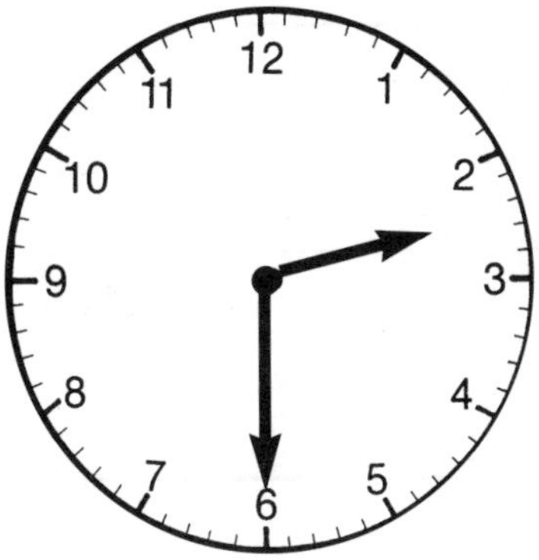

:

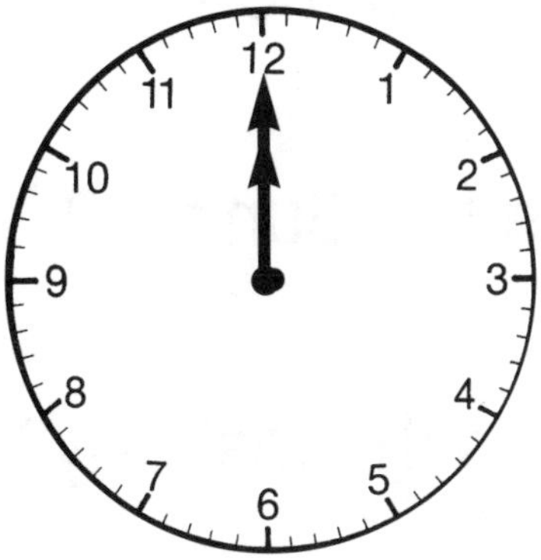

:

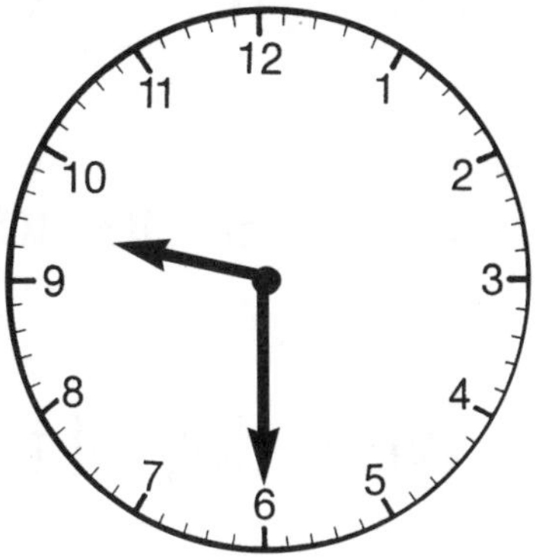

:

1 REVIEW

Parents: Ask your child to say the days of the week in order. Help him/her read the questions.

Skill: • names days of the week in sequence
• locates days and dates on a calendar

Sunday	Monday	Tuesday	Wednesday	Thursday	Friday	Saturday
				1	2	3
4	5	6	7	8	9	10
11	12	13	14	15	16	17
18	19	20	21	22	23	24
25	26	27	28	29	30	

1. What day of the week is the 9th? ____________________

2. How many days are in this month? ____________________

3. What is the date of the first Sunday? ____________________

4. What day of the week is the last day? ____________________

REVIEW 1

Parents: Help your child cut out the ruler at the bottom of the page. One edge shows inches, the other centimeters. Show your child the appropriate side to use.

Skill: uses a ruler to measure a line segment to the nearest whole unit

Measure the snakes.

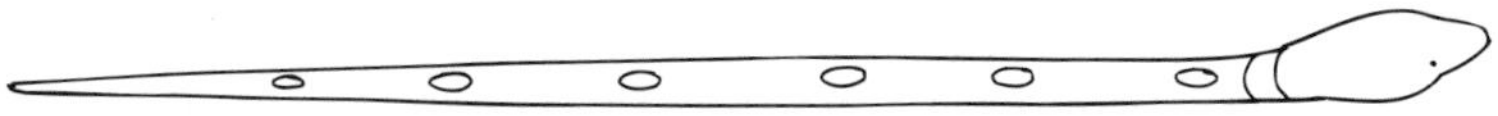

____

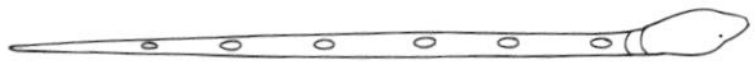

____

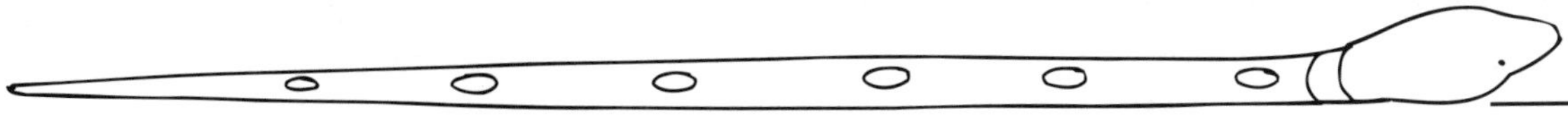

____

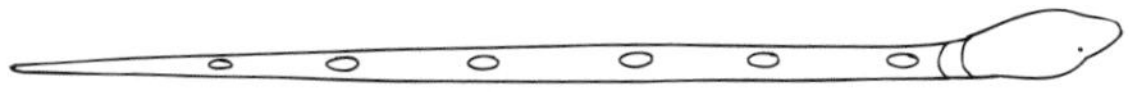

____

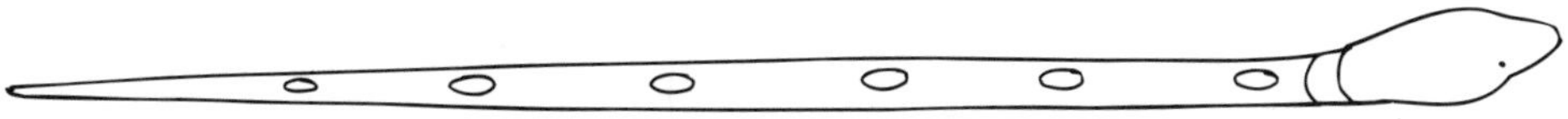

____

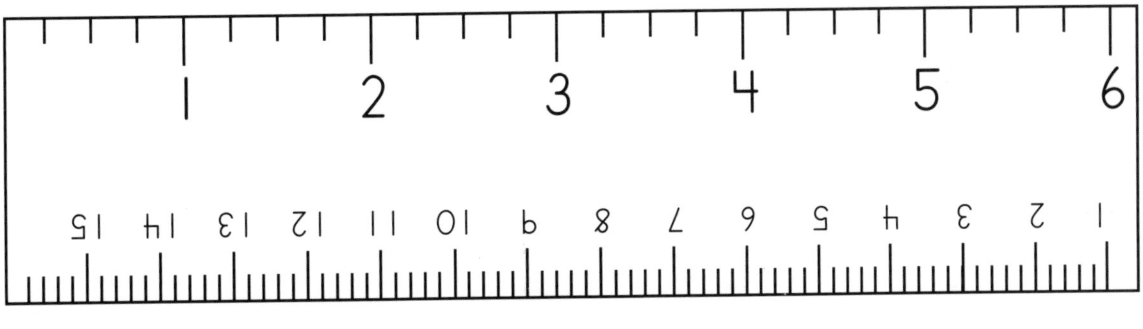

1 REVIEW

Point to each shape and ask your child to name it.

Skill: recognizes and matches geometric shapes

circle	triangle
square	rectangle

Match.

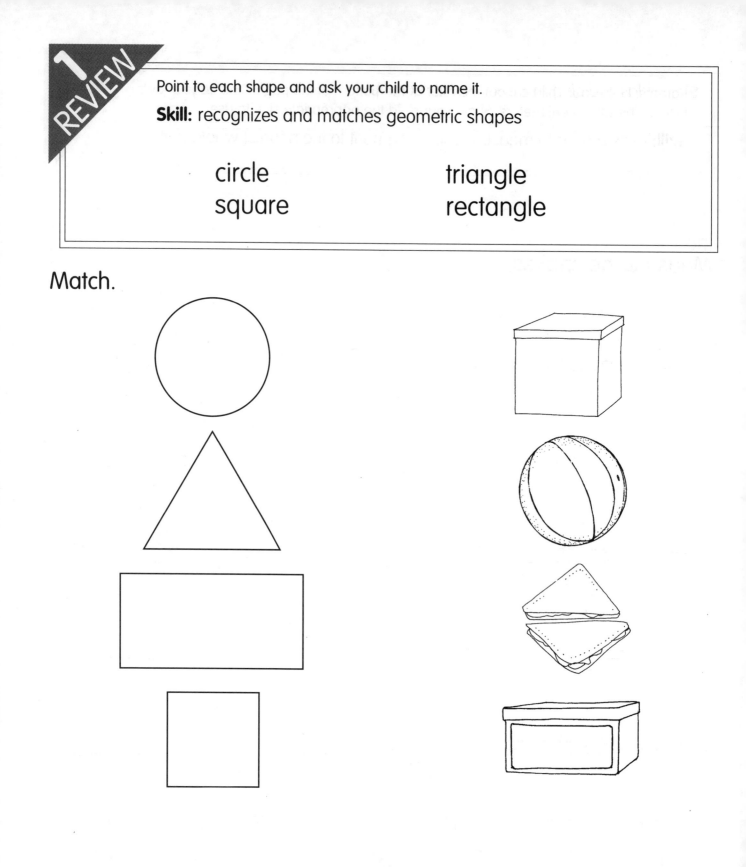

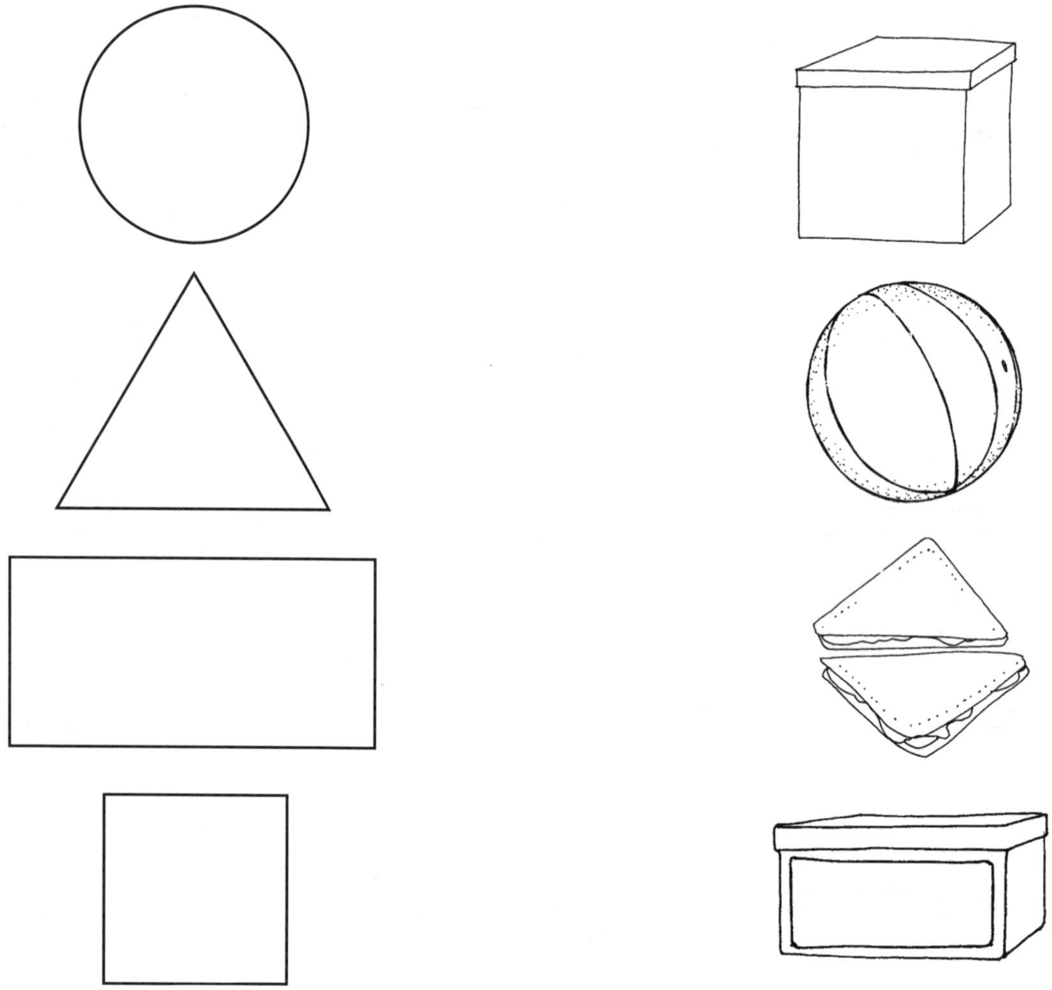

REVIEW 1

Skill: adds 2-digit numbers without regrouping

Add.

12 + 23	34 + 45	56 + 32	17 + 81	33 + 22
45 + 52	37 + 61	82 + 17	97 + 2	51 + 48
62 + 36	71 + 18	82 + 15	93 + 3	25 + 24

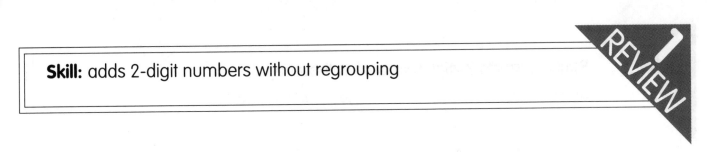

1 REVIEW

Skill: subtracts 2-digit numbers without regrouping

Subtract.

98 −23	76 −45	54 −31	32 −20	66 −51
99 −78	88 −67	77 −56	66 −45	55 −34
57 −25	35 −12	24 −13	91 −60	86 −42

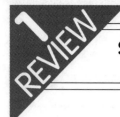

REVIEW 1

Skill: reads a simple bar graph

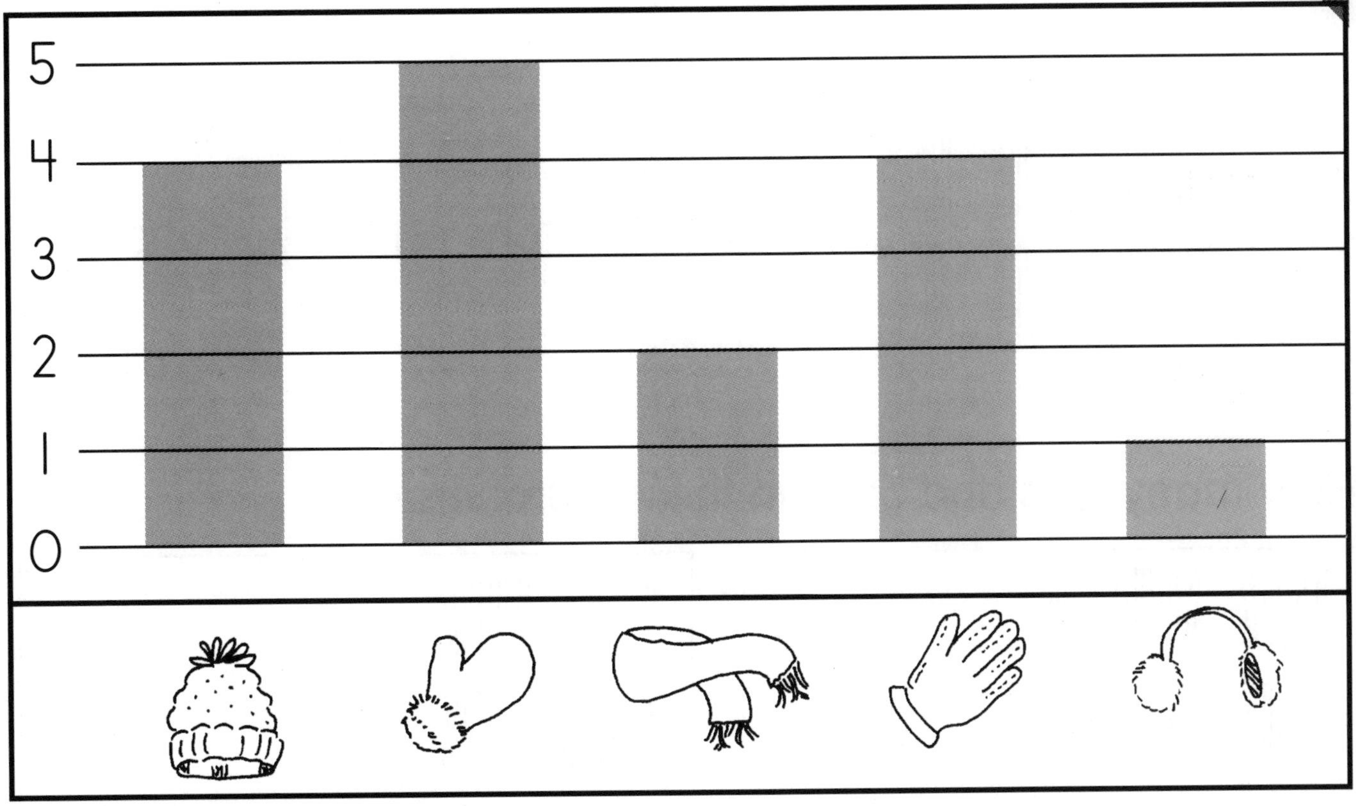

1. How many?

 ________  ________  ________

 ________  ________

2. How many  and  in all?

____

4. How many  and  in all?

____

3. How many  and  in all?

____

5. How many , , and  in all?

____

1 REVIEW

Skill: identifies place value of numerals to 99

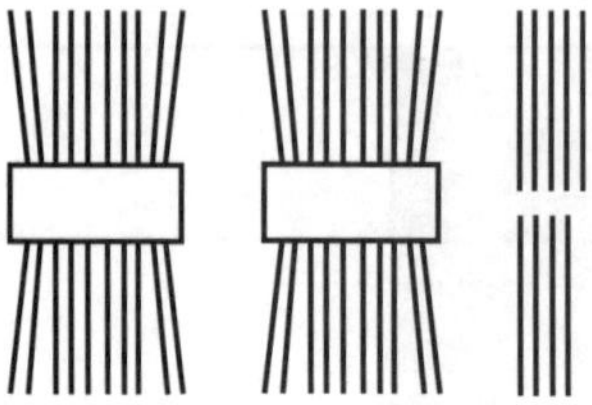

29 = __2__ tens and __9__ ones

How many tens and ones in these numbers?

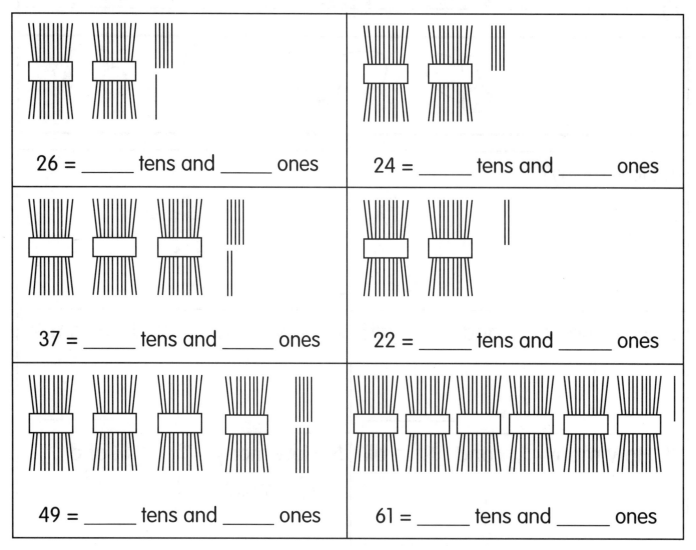

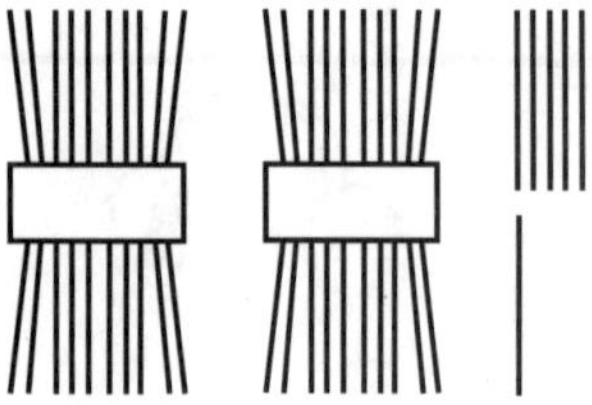 26 = _____ tens and _____ ones	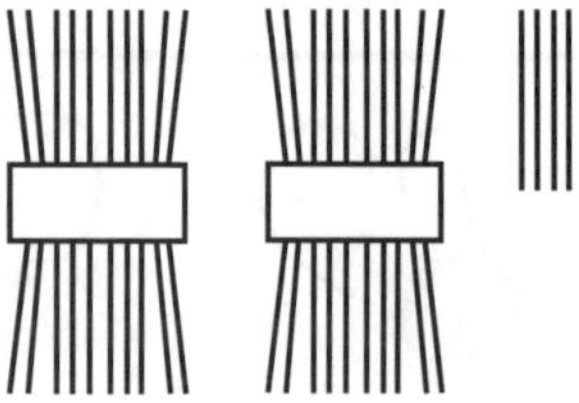 24 = _____ tens and _____ ones
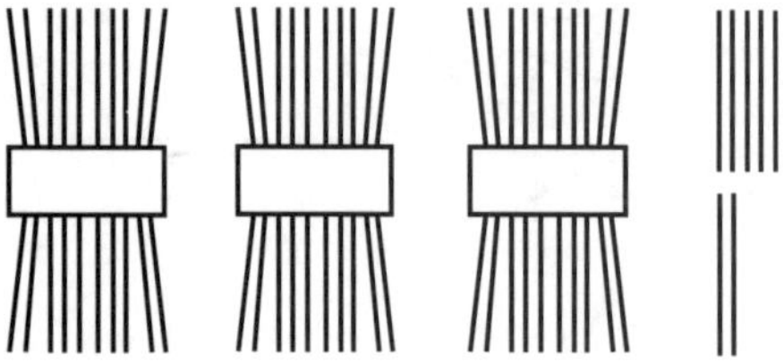 37 = _____ tens and _____ ones	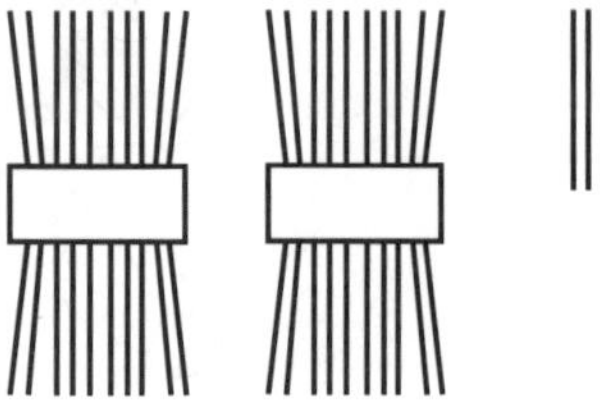 22 = _____ tens and _____ ones
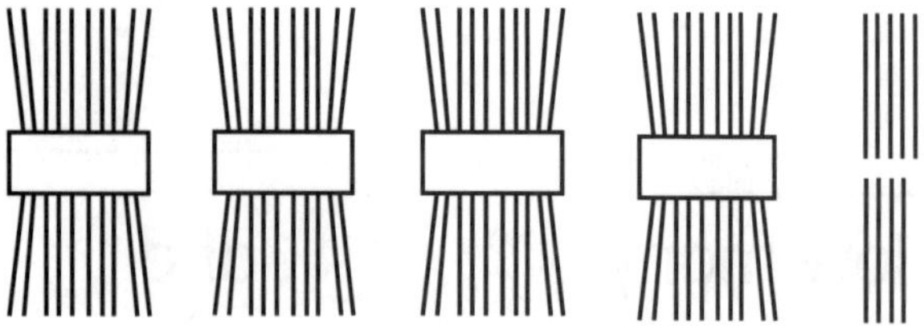 49 = _____ tens and _____ ones	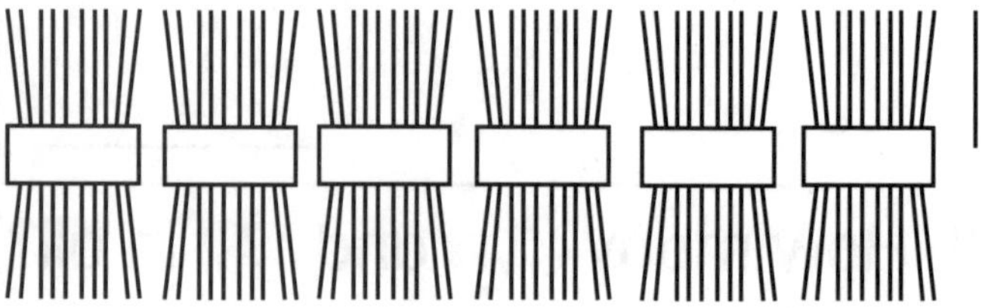 61 = _____ tens and _____ ones

Skill: identifies fractional parts of a shape

Circle.

$\frac{1}{2}$ $\frac{1}{4}$

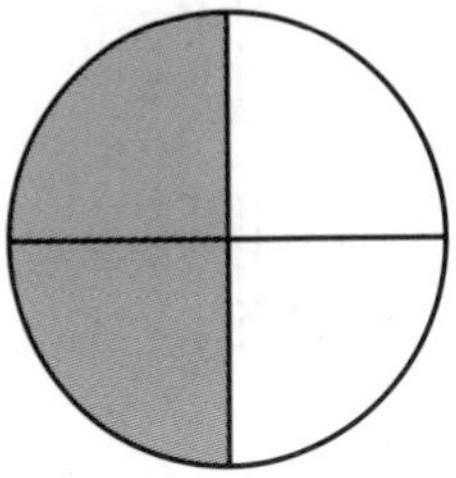

$\frac{1}{2}$ $\frac{1}{4}$

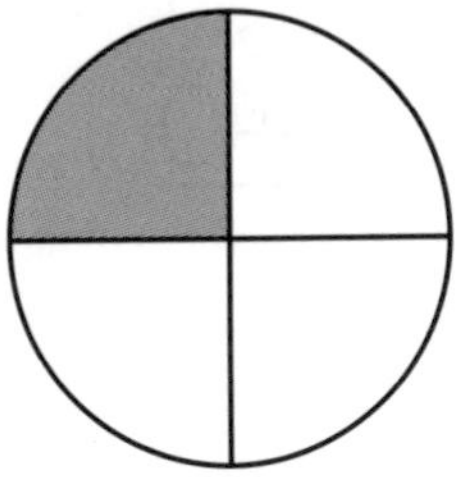

$\frac{1}{2}$ $\frac{1}{4}$

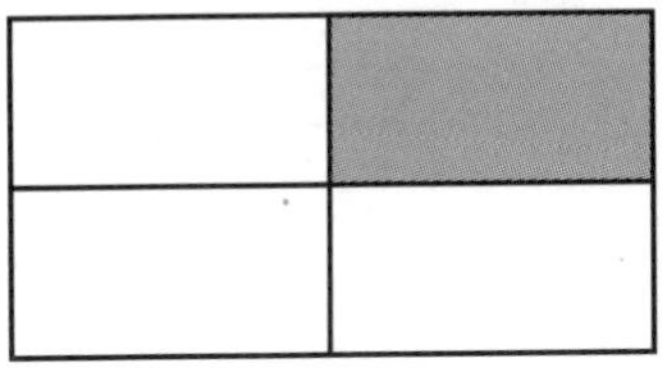

$\frac{1}{2}$ $\frac{1}{4}$

Color.

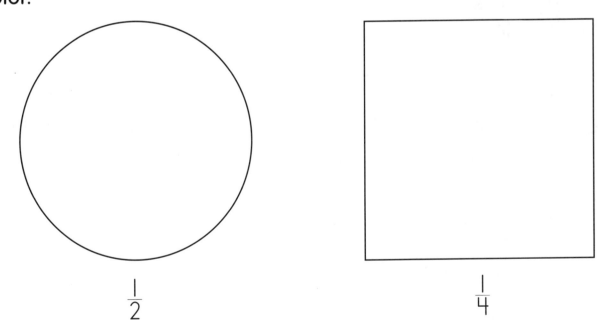

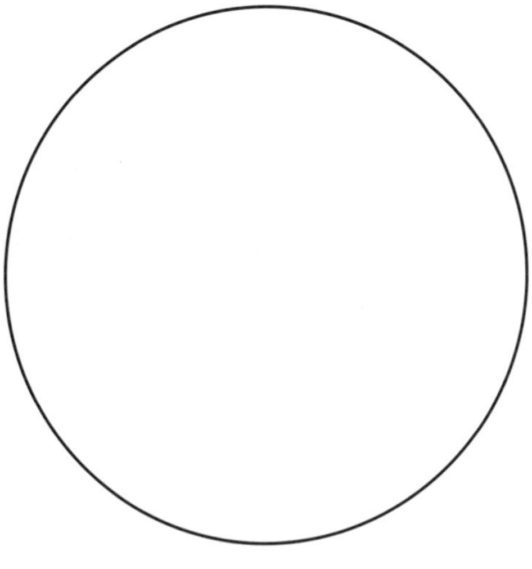

$\frac{1}{2}$

$\frac{1}{4}$

1 REVIEW

Parents: Ask your child to explain what happens when a zero is added to or taken away from another number.

Skill: • communicates math understandings to others
• demonstrates an understanding of what happens when 0 is added to or subtracted from any number

Find the answers.
Explain the rule.

$$\begin{array}{r}2\\+0\\\hline\end{array}\quad\begin{array}{r}3\\+0\\\hline\end{array}\quad\begin{array}{r}5\\+0\\\hline\end{array}\quad\begin{array}{r}8\\+0\\\hline\end{array}\quad\begin{array}{r}9\\+0\\\hline\end{array}\quad\begin{array}{r}6\\+0\\\hline\end{array}$$

Find the answers.
Explain the rule.

$$\begin{array}{r}7\\-0\\\hline\end{array}\quad\begin{array}{r}4\\-0\\\hline\end{array}\quad\begin{array}{r}5\\-0\\\hline\end{array}\quad\begin{array}{r}8\\-0\\\hline\end{array}\quad\begin{array}{r}2\\-0\\\hline\end{array}\quad\begin{array}{r}9\\-0\\\hline\end{array}$$

Answer Key

Please take time to go over the work your child has completed. Ask your child to explain what he/she has done. Praise both success and effort. If mistakes have been made, explain what the answer should have been and how to find it. Let your child know that mistakes are a part of learning. The time you spend with your child helps let him/her know you feel learning is important.

page 1

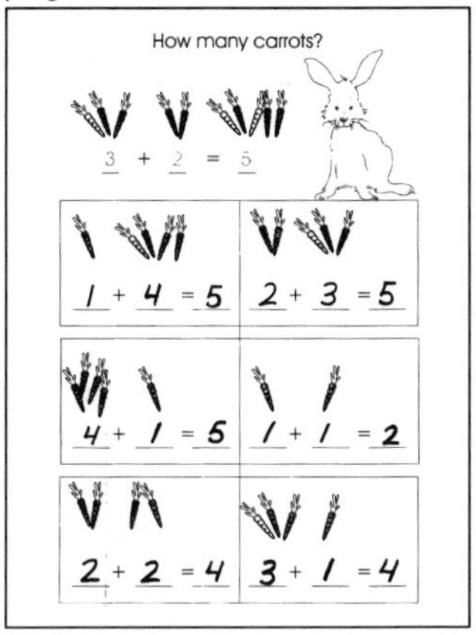

page 2

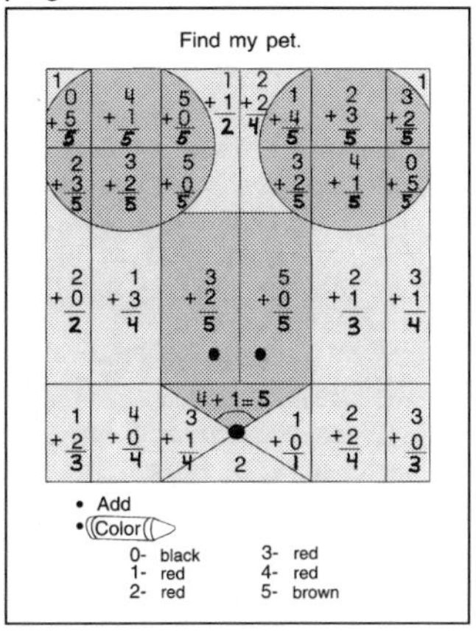

page 3

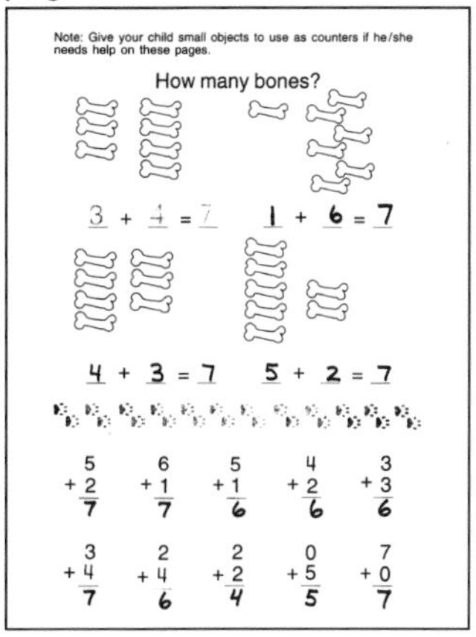

page 4

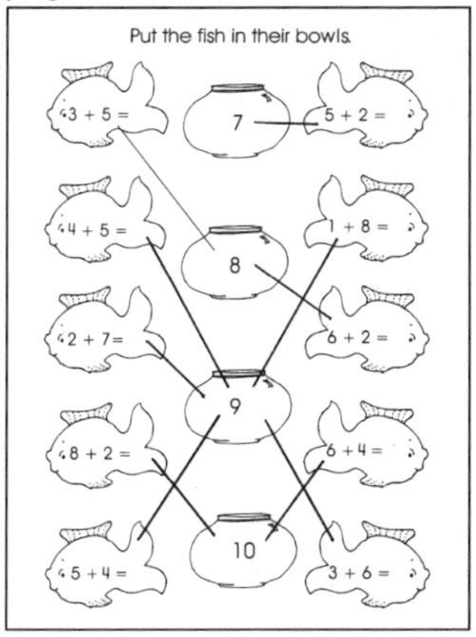

page 5

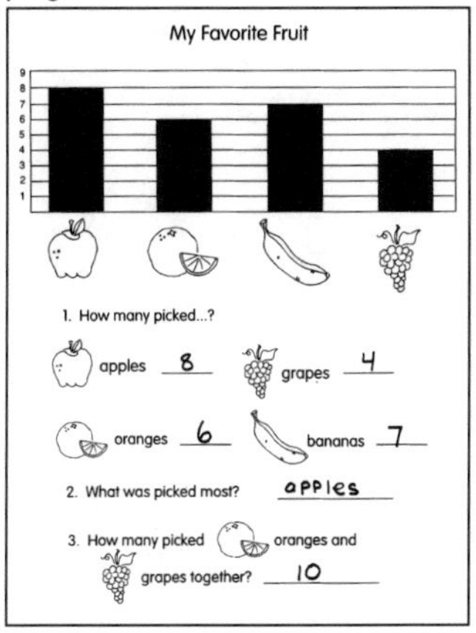

page 6

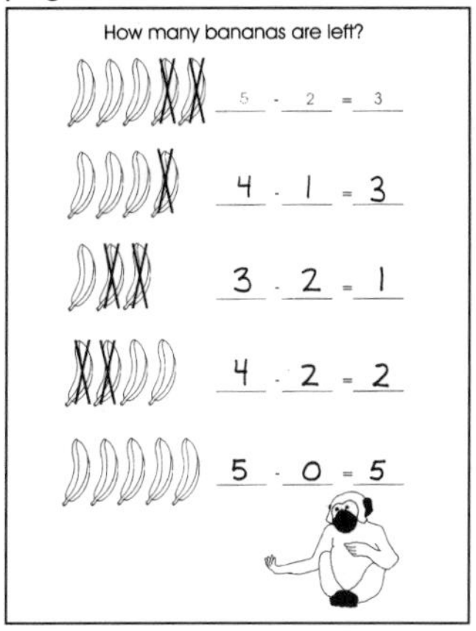

page 7

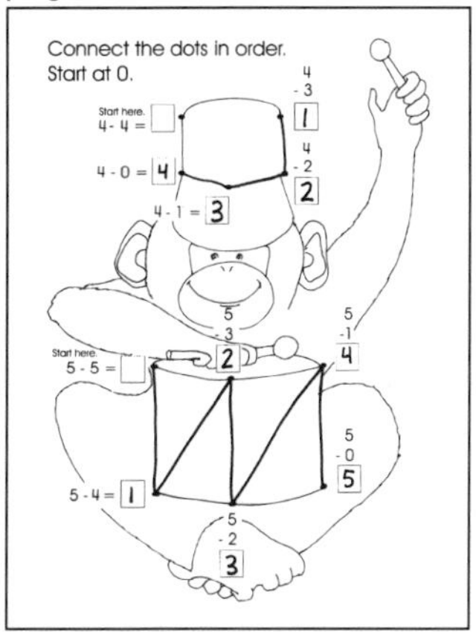

page 8

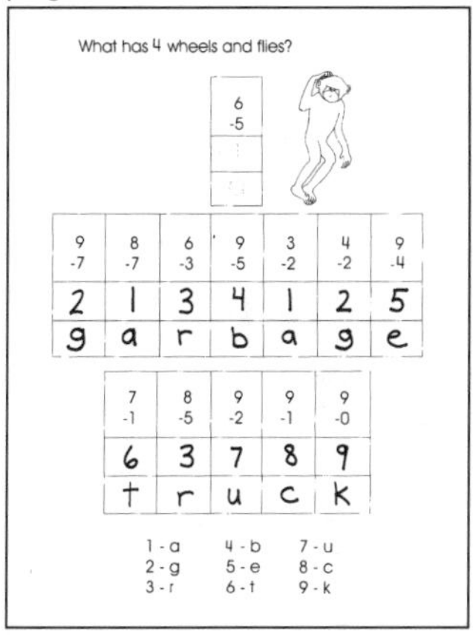

page 9

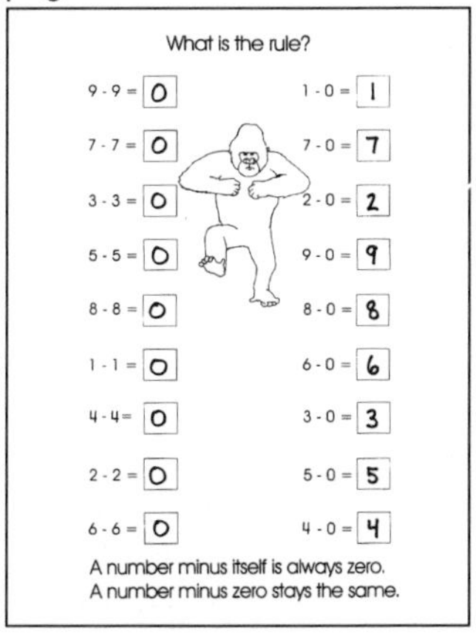

page 10

page 11

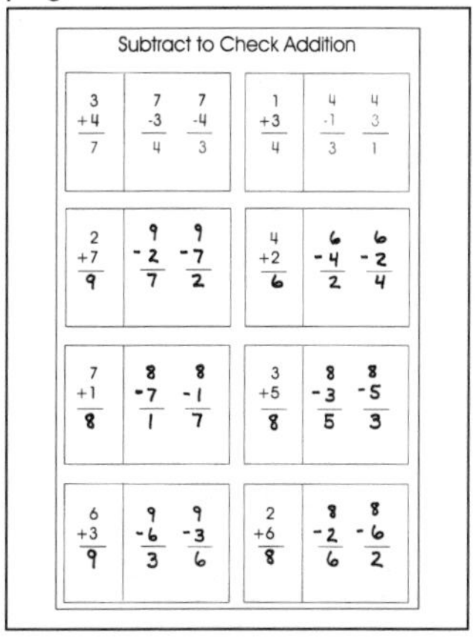

page 12

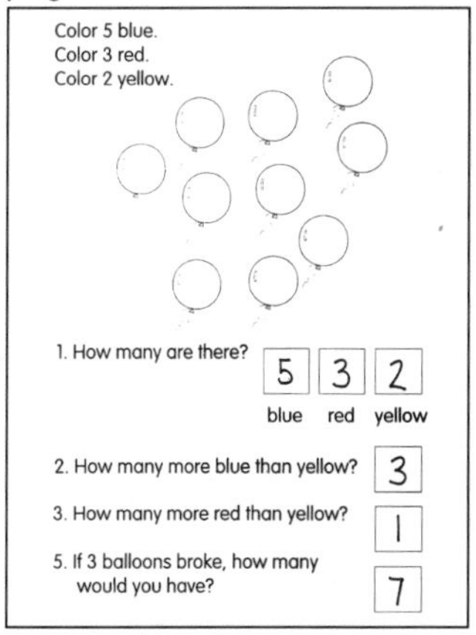

page 13

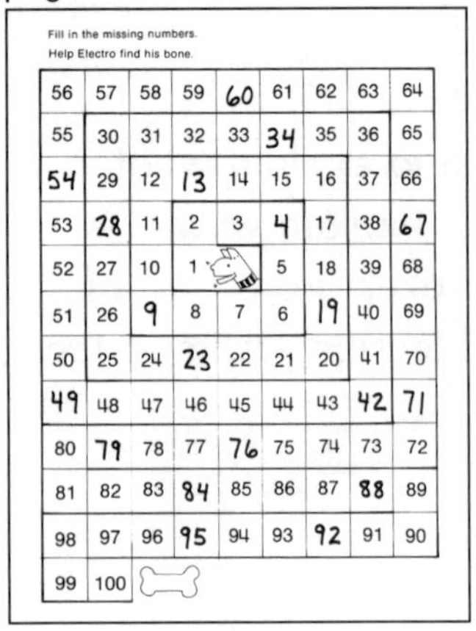

page 14

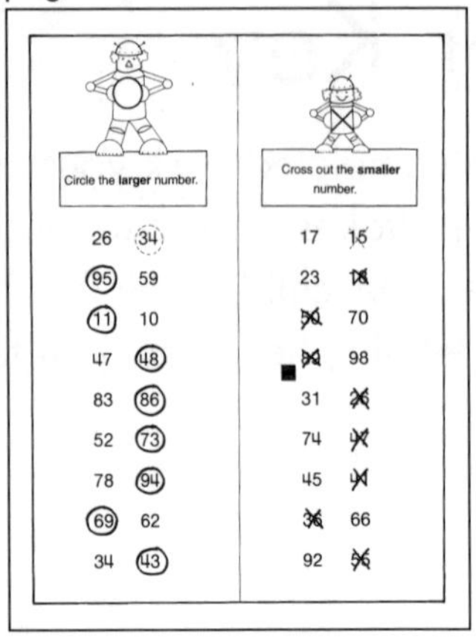

page 15

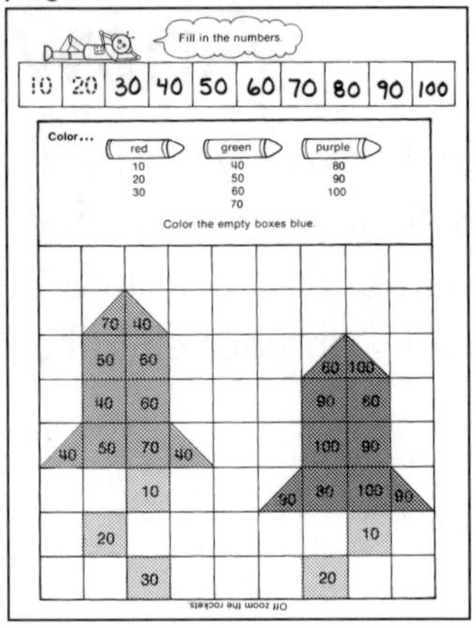

page 16

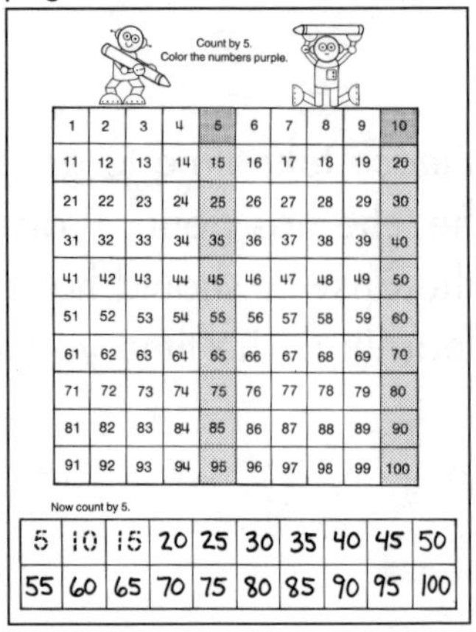

page 17

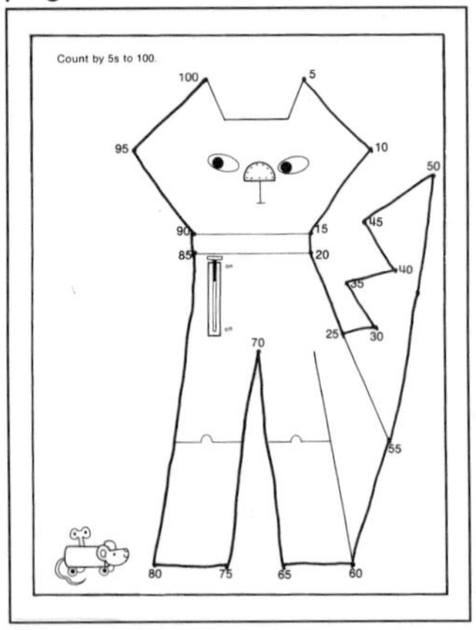

page 18

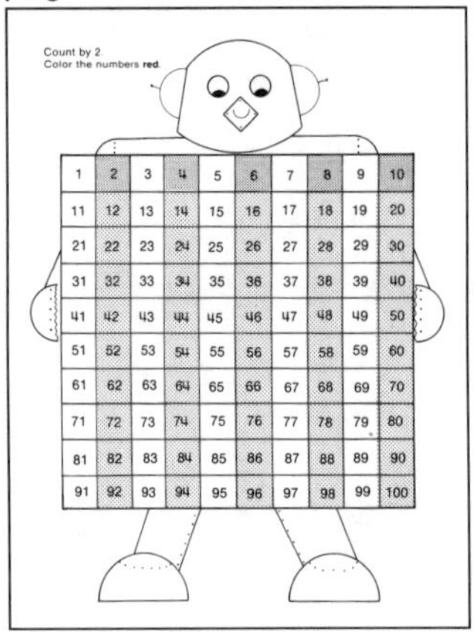

page 19

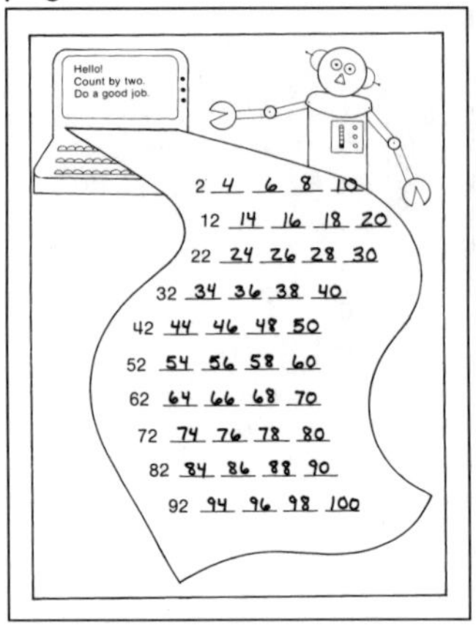

page 20

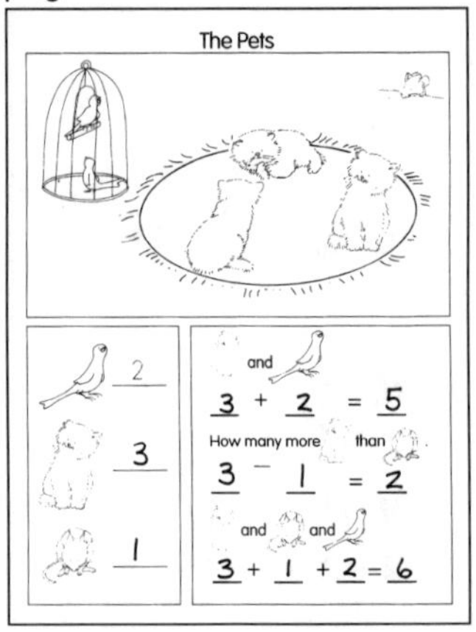

page 21

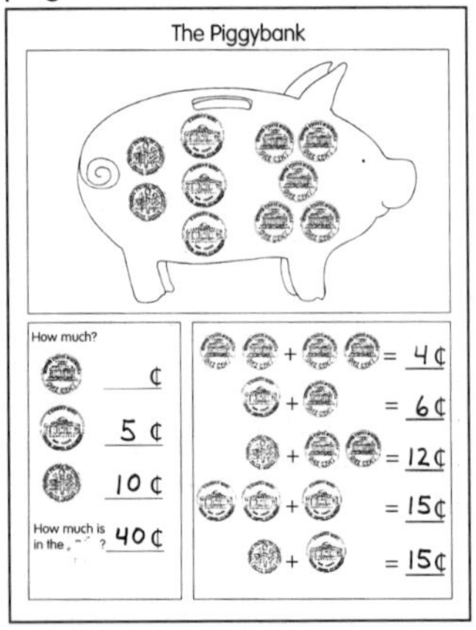

page 22

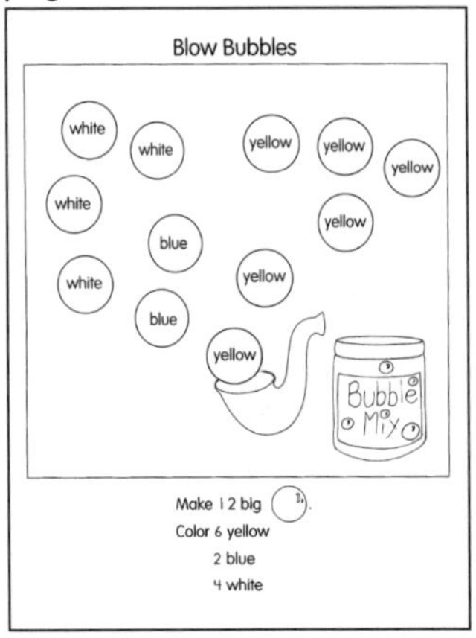

page 23

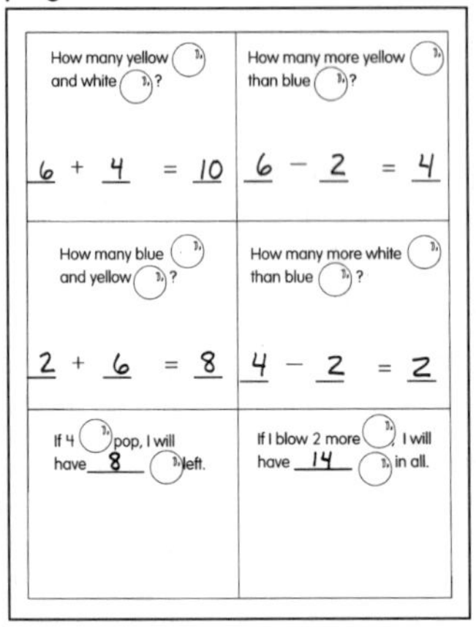

page 24

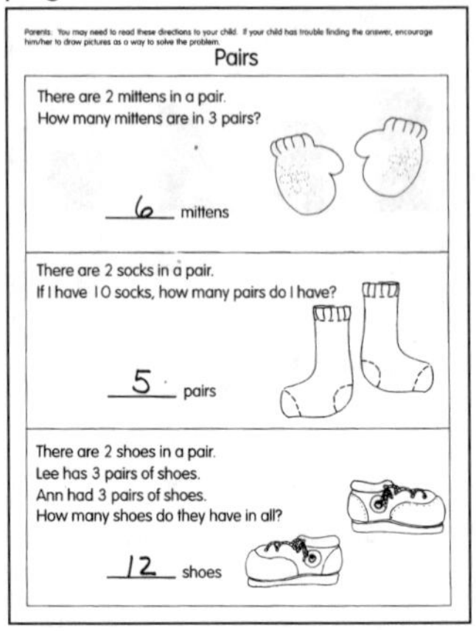

page 25

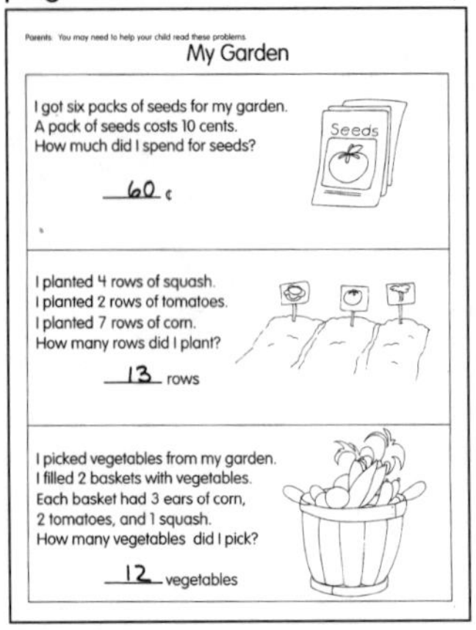

page 26

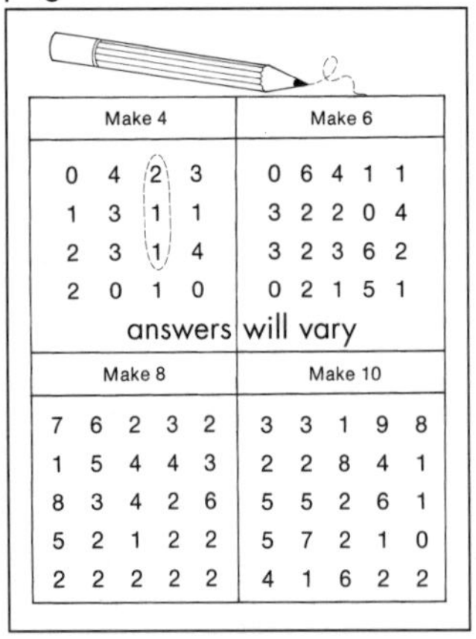

page 27

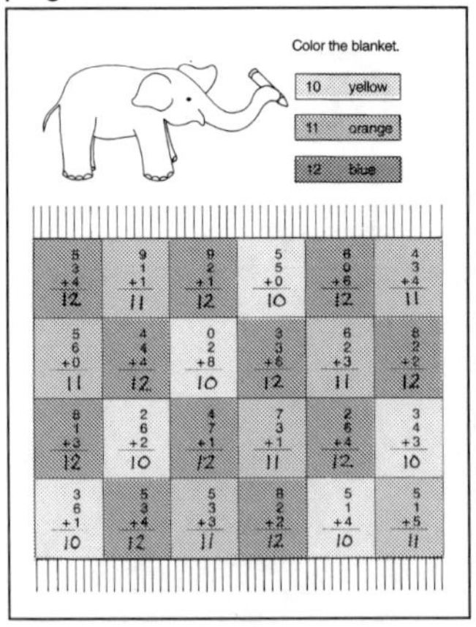

page 28

page 29

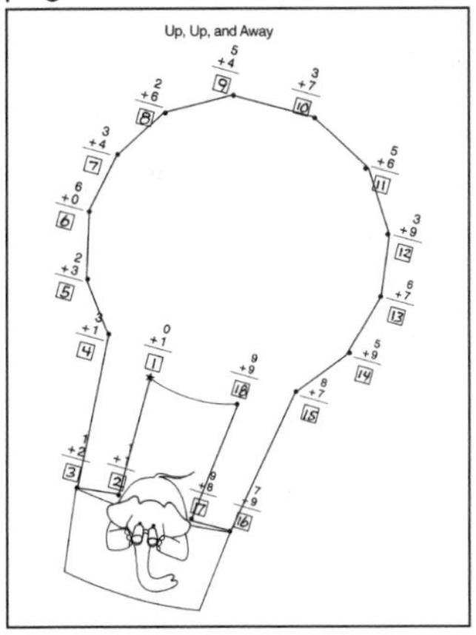
Up, Up, and Away

page 30

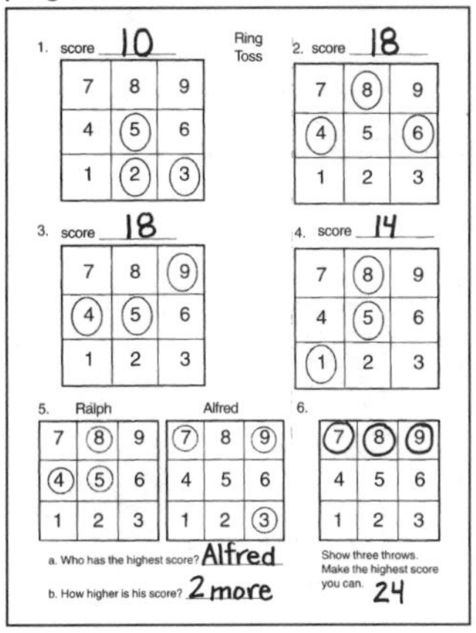
Ring Toss
1. score 10
2. score 18
3. score 18
4. score 14
5. Ralph Alfred
6.
a. Who has the highest score? Alfred
b. How higher is his score? 2 more
Show three throws. Make the highest score you can. 24

page 31

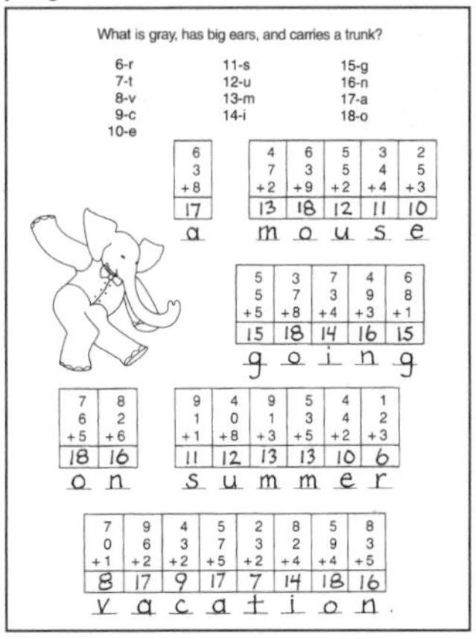
What is gray, has big ears, and carries a trunk?
6-r 7-t 8-v 9-c 10-e
11-s 12-u 13-m 14-i
15-g 16-n 17-a 18-o
a mouse
going
on summer
vacation.

page 32

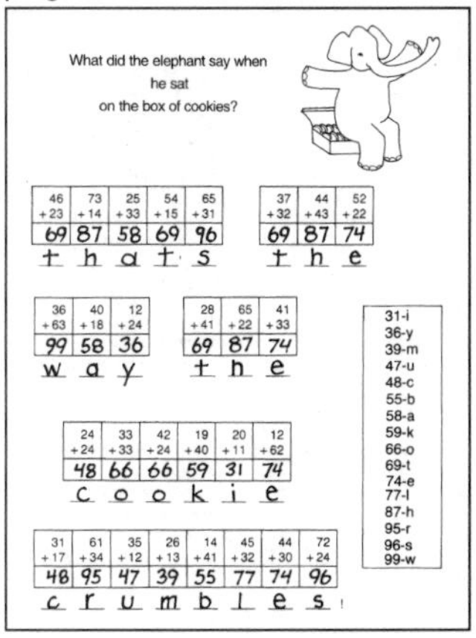
What did the elephant say when he sat on the box of cookies?
that's the
way the
cookie
crumbles!
31-i 36-y 39-m 47-u 48-c 55-b 58-a 59-k 66-o 69-t 74-e 77-l 87-h 95-r 96-s 99-w

page 33

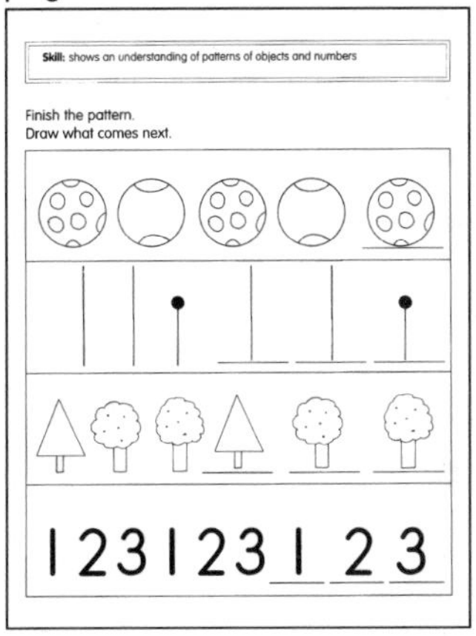
Skill: shows an understanding of patterns of objects and numbers
Finish the pattern.
Draw what comes next.
1 2 3 1 2 3 1 2 3

page 34

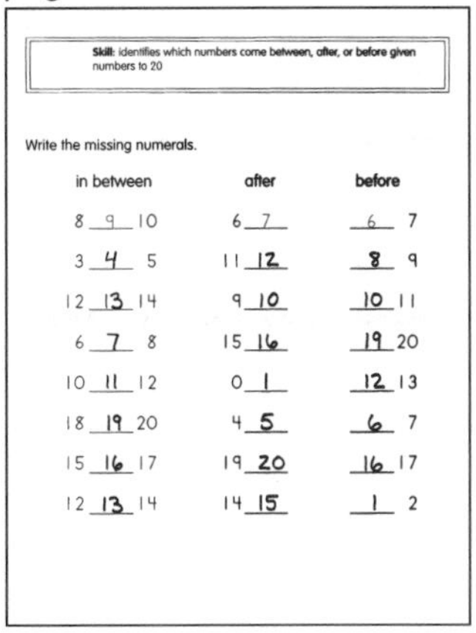
Skill: identifies which numbers come between, after, or before given numbers to 20
Write the missing numerals.
in between / after / before
8 9 10 | 6 7 | 6 7
3 4 5 | 11 12 | 8 9
12 13 14 | 9 10 | 10 11
6 7 8 | 15 16 | 19 20
10 11 12 | 0 1 | 12 13
18 19 20 | 4 5 | 6 7
15 16 17 | 19 20 | 16 17
12 13 14 | 14 15 | 1 2

page 36

Skill: writes numerals in sequence from 1 to 100
Write from 1 to 100.

page 37

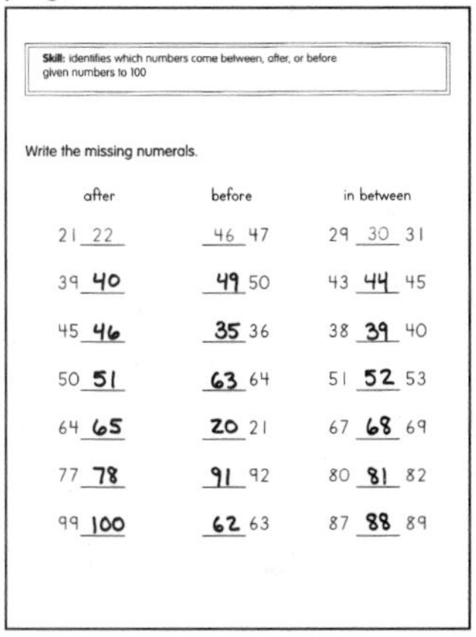
Skill: identifies which numbers come between, after, or before given numbers to 100
Write the missing numerals.
after / before / in between
21 22 | 46 47 | 29 30 31
39 40 | 49 50 | 43 44 45
45 46 | 35 36 | 38 39 40
50 51 | 63 64 | 51 52 53
64 65 | 20 21 | 67 68 69
77 78 | 91 92 | 80 81 82
99 100 | 62 63 | 87 88 89

page 38

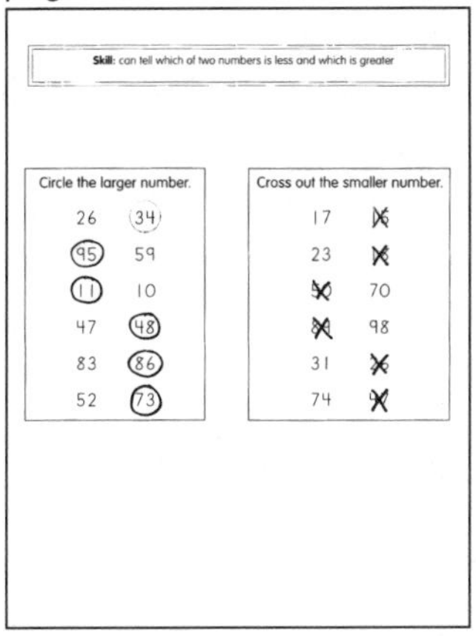
Skill: can tell which of two numbers is less and which is greater
Circle the larger number.
26 34
95 59
11 10
47 48
83 86
52 73
Cross out the smaller number.
17 18
23 21
16 70
19 98
31 14
74 19

page 39

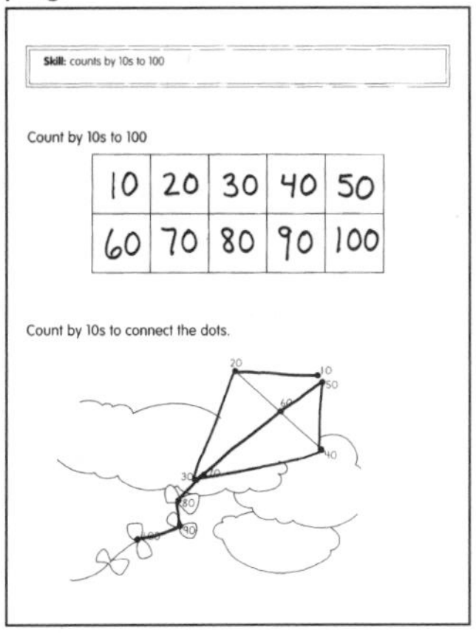
Skill: counts by 10s to 100
Count by 10s to 100
10 20 30 40 50
60 70 80 90 100
Count by 10s to connect the dots.

page 40

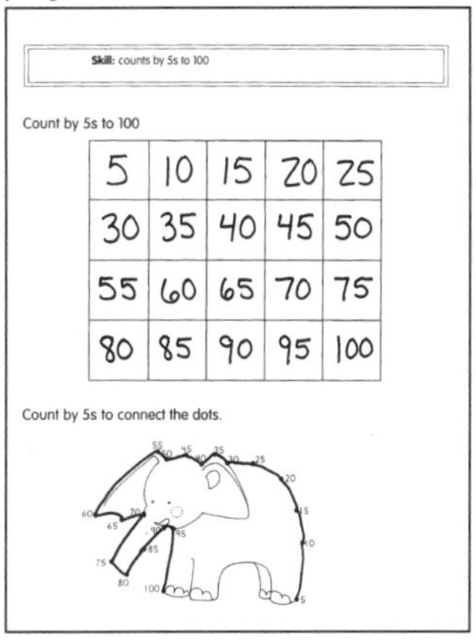
Skill: counts by 5s to 100
Count by 5s to 100
5 10 15 20 25
30 35 40 45 50
55 60 65 70 75
80 85 90 95 100
Count by 5s to connect the dots.

page 41

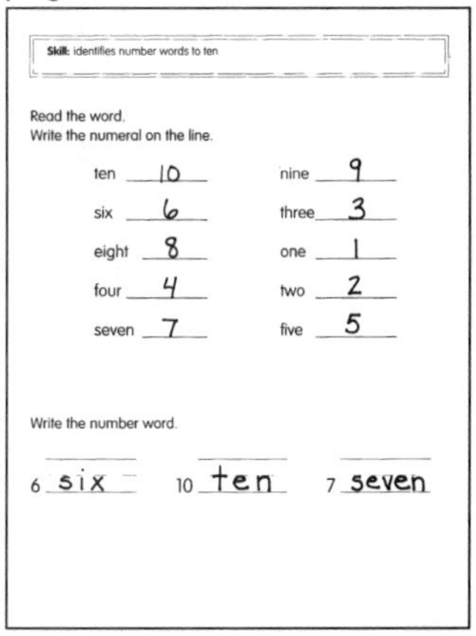
Skill: identifies number words to ten
Read the word.
Write the numeral on the line.
ten 10
six 6
eight 8
four 4
seven 7
nine 9
three 3
one 1
two 2
five 5
Write the number word.
6 six
10 ten
7 seven

page 42

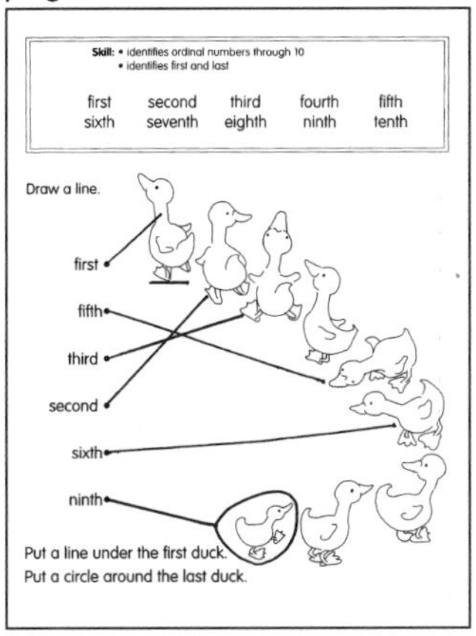
Skill: • identifies ordinal numbers through 10
• identifies first and last
first second third fourth fifth
sixth seventh eighth ninth tenth
Draw a line.
first
fifth
third
second
sixth
ninth
Put a line under the first duck.
Put a circle around the last duck.

page 43

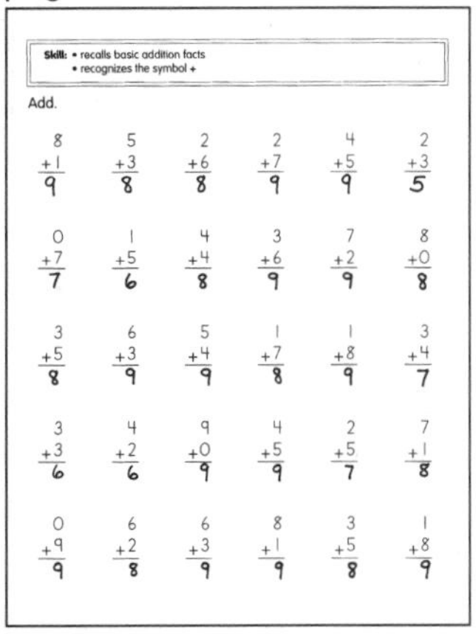
Skill: • recalls basic addition facts
• recognizes the symbol +
Add.
8 + 1 = 9, 5 + 3 = 8, 2 + 6 = 8, 2 + 7 = 9, 4 + 5 = 9, 2 + 3 = 5
0 + 7 = 7, 1 + 5 = 6, 4 + 4 = 8, 3 + 6 = 9, 7 + 2 = 9, 8 + 0 = 8
3 + 5 = 8, 6 + 3 = 9, 5 + 4 = 9, 1 + 7 = 8, 1 + 8 = 9, 3 + 4 = 7
3 + 3 = 6, 4 + 2 = 6, 9 + 0 = 9, 4 + 5 = 9, 2 + 5 = 7, 7 + 1 = 8
0 + 9 = 9, 6 + 2 = 8, 6 + 3 = 9, 8 + 1 = 9, 3 + 5 = 8, 1 + 8 = 9

page 44

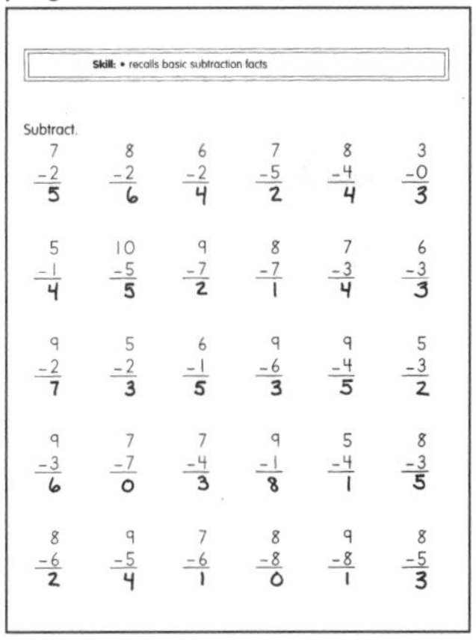
Skill: • recalls basic subtraction facts
Subtract.
7 − 2 = 5, 8 − 2 = 6, 6 − 2 = 4, 7 − 5 = 2, 8 − 4 = 4, 3 − 0 = 3
5 − 1 = 4, 10 − 5 = 5, 9 − 7 = 2, 8 − 7 = 1, 7 − 3 = 4, 6 − 3 = 3
9 − 2 = 7, 5 − 2 = 3, 6 − 1 = 5, 9 − 6 = 3, 9 − 4 = 5, 5 − 3 = 2
9 − 3 = 6, 7 − 7 = 0, 7 − 4 = 3, 9 − 1 = 8, 5 − 4 = 1, 8 − 3 = 5
8 − 6 = 2, 9 − 5 = 4, 7 − 6 = 1, 8 − 8 = 0, 9 − 8 = 1, 8 − 5 = 3

page 45

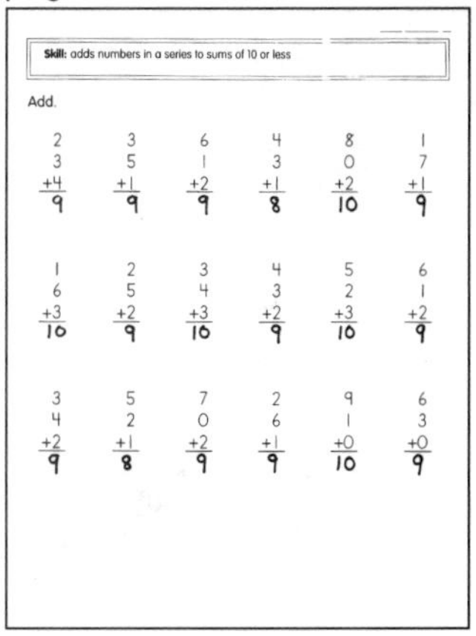
Skill: adds numbers in a series to sums of 10 or less
Add.
2 + 3 + 4 = 9, 3 + 5 + 1 = 9, 6 + 1 + 2 = 9, 4 + 3 + 1 = 8, 8 + 0 + 2 = 10, 1 + 7 + 1 = 9
1 + 6 + 3 = 10, 2 + 5 + 2 = 9, 3 + 4 + 3 = 10, 4 + 3 + 2 = 9, 5 + 2 + 3 = 10, 6 + 1 + 2 = 9
3 + 4 + 2 = 9, 5 + 2 + 1 = 8, 7 + 0 + 2 = 9, 2 + 6 + 1 = 9, 9 + 1 + 0 = 10, 6 + 3 + 0 = 9

page 46

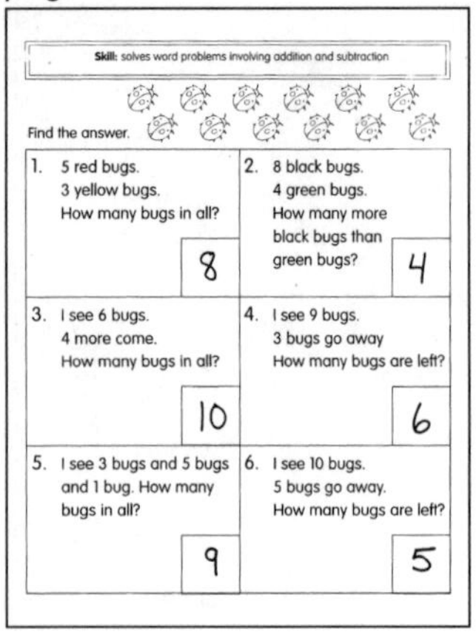
Skill: solves word problems involving addition and subtraction

Find the answer.

1. 5 red bugs. 3 yellow bugs. How many bugs in all? 8
2. 8 black bugs. 4 green bugs. How many more black bugs than green bugs? 4
3. I see 6 bugs. 4 more come. How many bugs in all? 10
4. I see 9 bugs. 3 bugs go away. How many bugs are left? 6
5. I see 3 bugs and 5 bugs and 1 bug. How many bugs in all? 9
6. I see 10 bugs. 5 bugs go away. How many bugs are left? 5

page 47

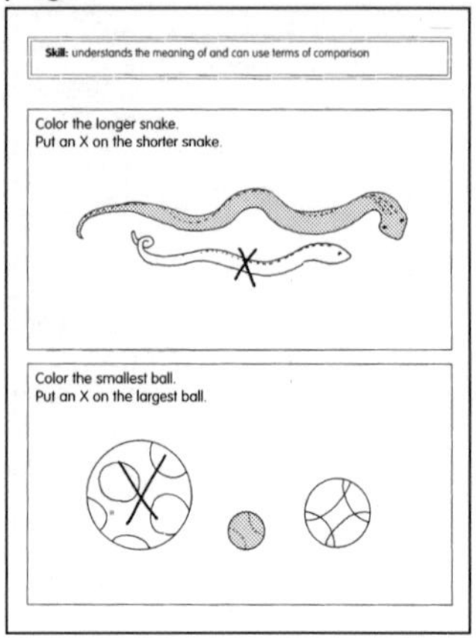
Skill: understands the meaning of and can use terms of comparison

Color the longer snake. Put an X on the shorter snake.

Color the smallest ball. Put an X on the largest ball.

page 48

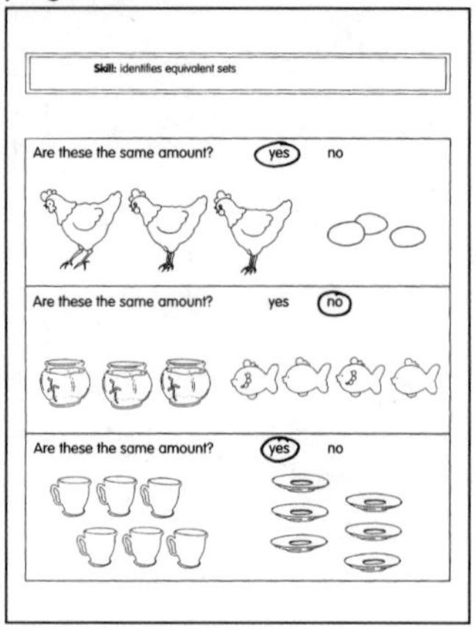
Skill: identifies equivalent sets

Are these the same amount? yes no

Are these the same amount? yes no

Are these the same amount? yes no

page 49

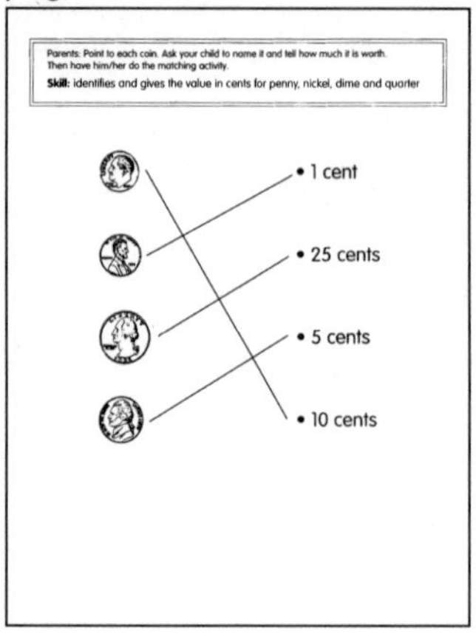
Parents: Point to each coin. Ask your child to name it and tell how much it is worth. Then have him/her do the matching activity.

Skill: identifies and gives the value in cents for penny, nickel, dime and quarter

• 1 cent
• 25 cents
• 5 cents
• 10 cents

page 50

Skill: gives the value for groups of coins

Count the money. How much is it?

13 ¢
4 ¢
14 ¢
25 ¢
15 ¢
14 ¢

page 51

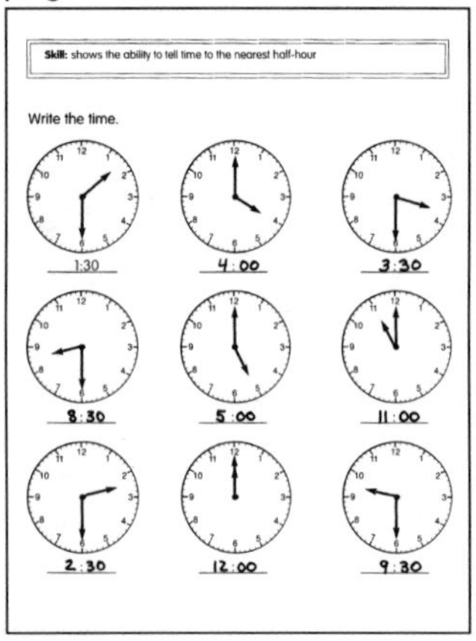
Skill: shows the ability to tell time to the nearest half-hour

Write the time.

1:30
4:00
3:30
8:30
5:00
11:00
2:30
12:00
9:30

page 52

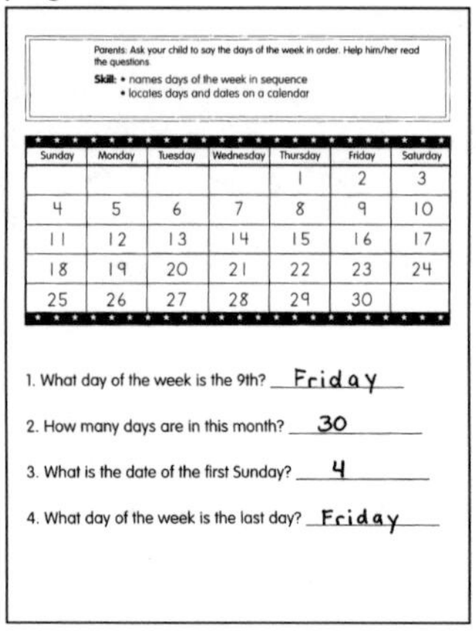
Parents: Ask your child to say the days of the week in order. Help him/her read the questions.

Skill: • names days of the week in sequence • locates days and dates on a calendar

Sunday	Monday	Tuesday	Wednesday	Thursday	Friday	Saturday
				1	2	3
4	5	6	7	8	9	10
11	12	13	14	15	16	17
18	19	20	21	22	23	24
25	26	27	28	29	30	

1. What day of the week is the 9th? Friday
2. How many days are in this month? 30
3. What is the date of the first Sunday? 4
4. What day of the week is the last day? Friday

page 53

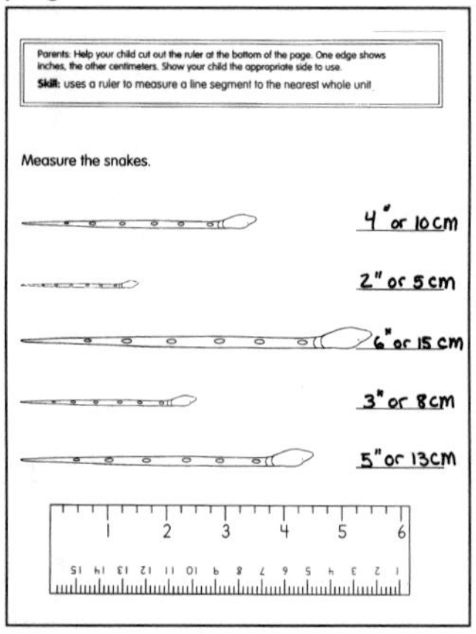
Parents: Help your child cut out the ruler at the bottom of the page. One edge shows inches, the other centimeters. Show your child the appropriate side to use.

Skill: uses a ruler to measure a line segment to the nearest whole unit

Measure the snakes.

page 54

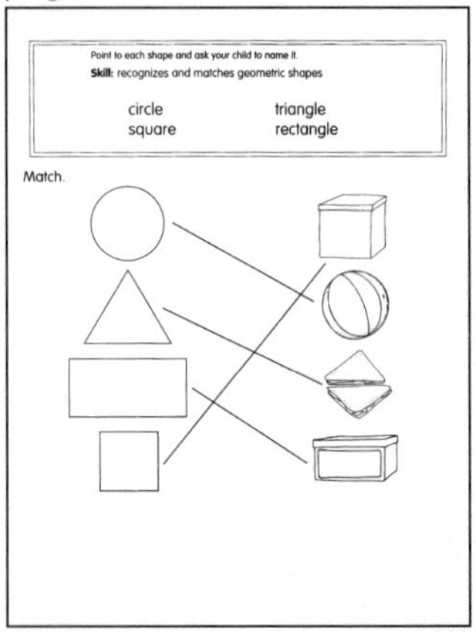
Point to each shape and ask your child to name it.

Skill: recognizes and matches geometric shapes

circle triangle
square rectangle

Match.

page 55

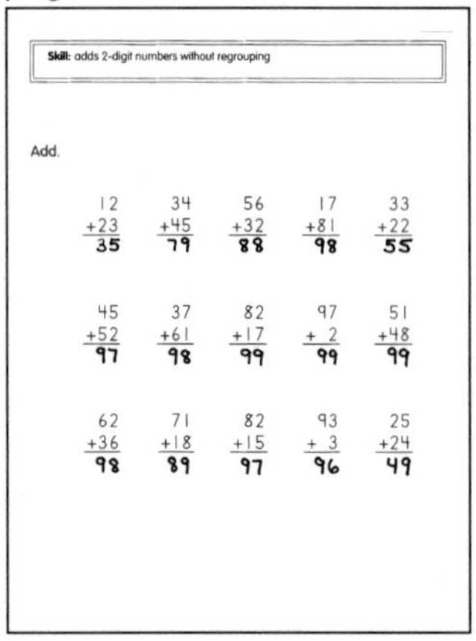
Skill: adds 2-digit numbers without regrouping

Add.

12 + 23 = 35; 34 + 45 = 79; 56 + 32 = 88; 17 + 81 = 98; 33 + 22 = 55

45 + 52 = 97; 37 + 61 = 98; 82 + 17 = 99; 97 + 2 = 99; 51 + 48 = 99

62 + 36 = 98; 71 + 18 = 89; 82 + 15 = 97; 93 + 3 = 96; 25 + 24 = 49

page 56

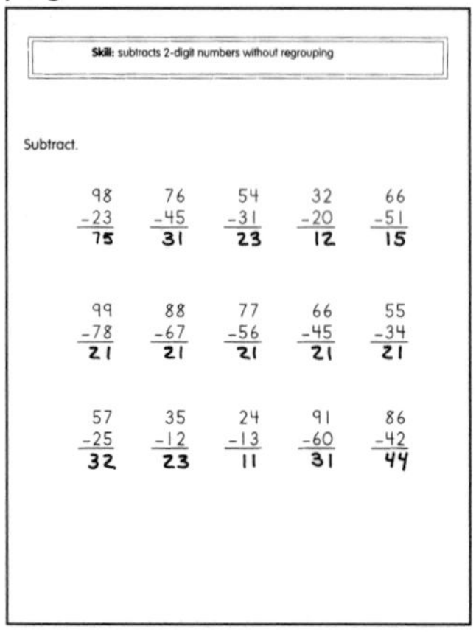
Skill: subtracts 2-digit numbers without regrouping

Subtract.

98 − 23 = 75; 76 − 45 = 31; 54 − 31 = 23; 32 − 20 = 12; 66 − 51 = 15

99 − 78 = 21; 88 − 67 = 21; 77 − 56 = 21; 66 − 45 = 21; 55 − 34 = 21

57 − 25 = 32; 35 − 12 = 23; 24 − 13 = 11; 91 − 60 = 31; 86 − 42 = 44

page 57

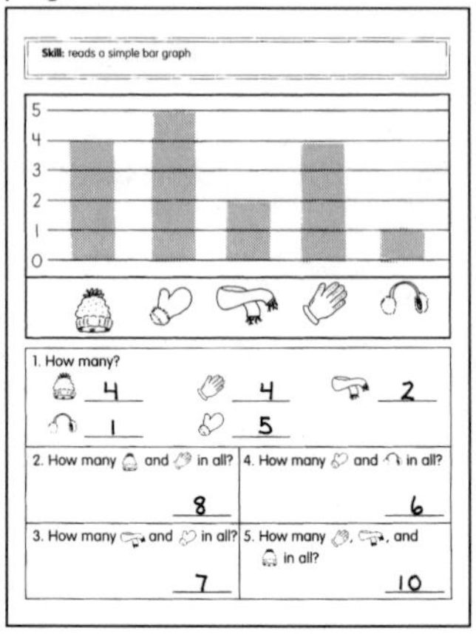
Skill: reads a simple bar graph

1. How many? 4, 4, 2, 1, 5
2. How many and in all? 8
3. How many and in all? 7
4. How many and in all? 6
5. How many , , and in all? 10

page 58

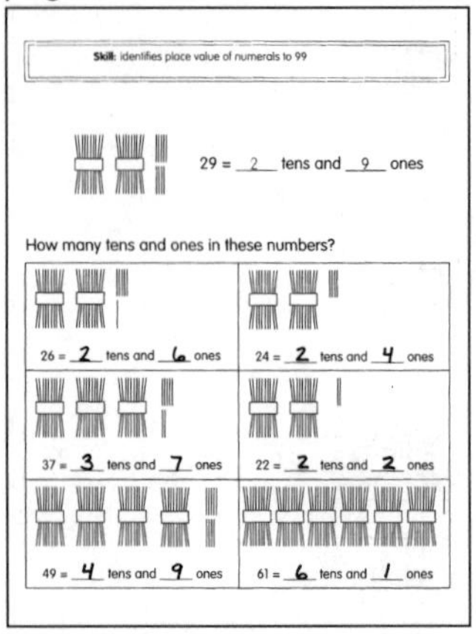
Skill: identifies place value of numerals to 99

29 = 2 tens and 9 ones

How many tens and ones in these numbers?

26 = 2 tens and 6 ones
24 = 2 tens and 4 ones
37 = 3 tens and 7 ones
22 = 2 tens and 2 ones
49 = 4 tens and 9 ones
61 = 6 tens and 1 ones

page 59

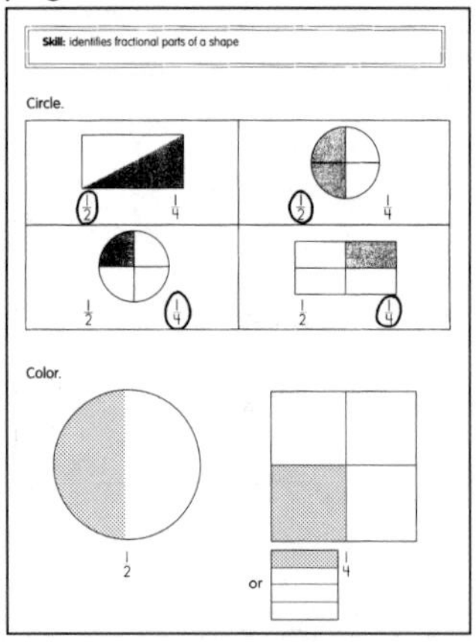
Skill: identifies fractional parts of a shape

Circle.

Color.

1/2
1/4
or

page 60

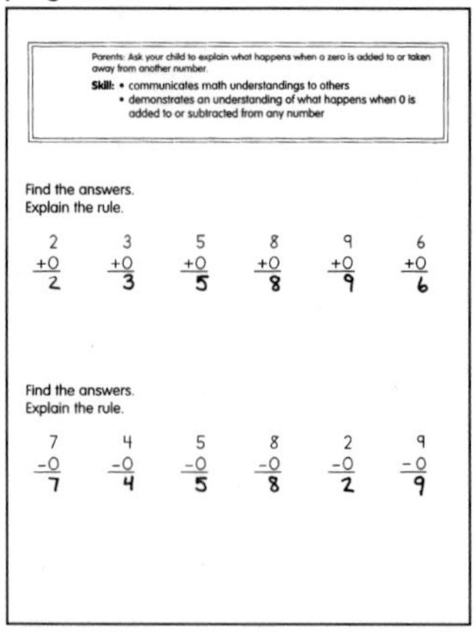
Parents: Ask your child to explain what happens when a zero is added to or taken away from another number.

Skill: • communicates math understandings to others • demonstrates an understanding of what happens when 0 is added to or subtracted from any number

Find the answers. Explain the rule.

2 + 0 = 2; 3 + 0 = 3; 5 + 0 = 5; 8 + 0 = 8; 9 + 0 = 9; 6 + 0 = 6

Find the answers. Explain the rule.

7 − 0 = 7; 4 − 0 = 4; 5 − 0 = 5; 8 − 0 = 8; 2 − 0 = 2; 9 − 0 = 9